もくじ
東京書籍版 理科3年

JN096371

テストの範囲や学習予定日をかこう!

	教科書ページ	この本のページ ココが要点	この本のページ 予想問題
単元1 化学変化とイオン			
第1章 水溶液とイオン	8〜28	2〜3	4〜5
第2章 酸, アルカリとイオン	29〜46	6〜7	8〜11
第3章 化学変化と電池	47〜73	12〜13	14〜15
単元2 生命の連続性			
第1章 生物の成長と生殖	74〜94	16〜17	18〜19
第2章 遺伝の規則性と遺伝子 第3章 生物の多様性と進化	95〜129	20〜21	22〜25
単元3 運動とエネルギー			
第1章 物体の運動	130〜146	26〜27	28〜31
第2章 力のはたらき方	147〜162	32〜33	34〜35
第3章 エネルギーと仕事	163〜191	36〜37	38〜41
単元4 地球と宇宙			
プロローグ 星空をながめよう 第1章 地球の運動と天体の動き	192〜222	42〜43	44〜47
第2章 月と金星の見え方	223〜234	48〜49	50〜51
第3章 宇宙の広がり	235〜251	52〜53	54〜55
単元5 地球と私たちの未来のために			
第1章 自然のなかの生物 第2章 自然環境の調査と保全	252〜278	56〜57	58〜59
第3章 科学技術と人間 終章 持続可能な社会をつくるために	279〜314	60〜61	62〜63
★ 巻末特集			64

学習計画	
出題範囲	学習予定日
5/14	5/10
テストの日	5/11

学習計画	
出題範囲	学習予定日

解答と解説 ………………… 別冊

ふろく テストに出る! 5分間攻略ブック ………………… 別冊

第1章　水溶液とイオン

テストに出る！ ココが要点
解答 p.1

① 水溶液と電流
教 p.12〜p.15

1 電流が流れる水溶液

(1) (①　　　　　) 水にとかしたときに電流が流れる物質。

(2) (②　　　　　) 水にとかしても電流が流れない物質。

② 電解質の水溶液の中で起こる変化
教 p.16〜p.21

1 塩化銅水溶液の電気分解

(1) 陽極側　表面から<u>気体</u>が発生する。鼻をさすようなにおいがすることから (③　　　　　) であることがわかる。

(2) 陰極側　表面に<u>赤色の物質</u>が付着する。こすると<u>金属光沢</u>が見られることから，(④　　　　　) であることがわかる。

図1

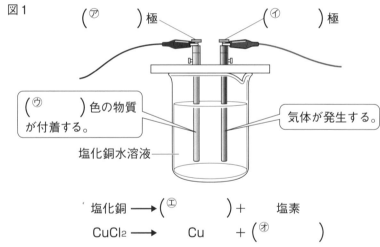

(⑦　　　) 極　　　(⑦　　　) 極

(⑨　　　) 色の物質が付着する。

気体が発生する。

塩化銅水溶液

$$塩化銅 \longrightarrow (④　　　) + 塩素$$
$$CuCl_2 \longrightarrow Cu + (⑦　　　)$$

2 塩酸の電気分解

(1) 陽極側　<u>塩素</u>が発生する。

(2) 陰極側　(⑤　　　　　) が発生する。

図2

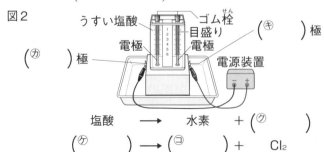

うすい塩酸　ゴム栓
目盛り
電極　電極
(⑦　　　) 極
(⑦　　　) 極
電源装置

$$塩酸 \longrightarrow 水素 + (⑦　　　)$$
$$(⑨　　　) \longrightarrow (⑩　　　) + Cl_2$$

満点★ミッション

①<u>電解質</u>
水にとかしたときに電流が流れる物質。塩化ナトリウム（食塩）や塩化水素など。

②<u>非電解質</u>
水にとかしても電流が流れない物質。砂糖やエタノールなど。

③<u>塩素</u>
塩化銅水溶液に電流を流すと，陽極の表面から発生する気体。

④<u>銅</u>
塩化銅水溶液に電流を流すと，陰極の表面に付着する赤色の物質。

⑤<u>水素</u>
うすい塩酸に電流を流すと，陰極から発生する気体。

ポイント

発生する水素と塩素の体積は同じだが，塩素は水にとけるので，集まる量が少ない。

③ イオンと原子のなり立ち

[教] p.22～p.28

1 原子のなり立ち

(1) 原子　(⑥　　　　)と電子からできている。
(2) 原子核　＋の電気をもつ(⑦　　　　)と電気をもたない(⑧　　　　)からできている。
(3) (⑨　　　　)　原子核のまわりにある，－の電気をもつもの。
(4) 同位体　同じ元素で中性子の数が異なる原子。

図３

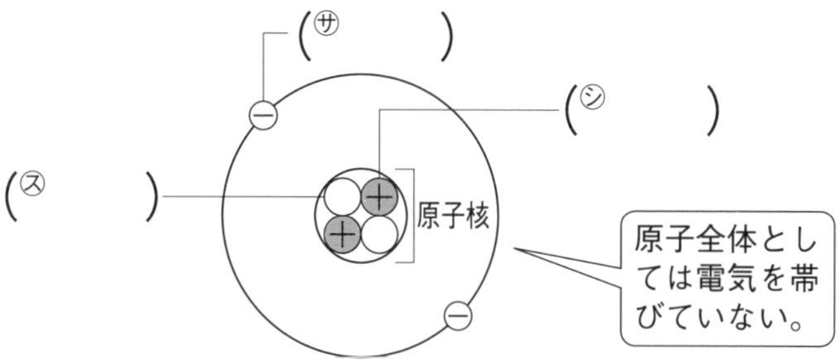
(㋚　　　)
(㋛　　　)
(㋜　　　)
原子核
原子全体としては電気を帯びていない。

2 イオン

(1) (⑩　　　　)　原子や原子の集団が電気を帯びたもの。
(2) (⑪　　　　)　原子や原子の集団が電子を失って，＋の電気を帯びたもの。
(3) (⑫　　　　)　原子や原子の集団が電子を受けとって，－の電気を帯びたもの。

3 イオンのでき方

(1) 陽イオンのでき方

$$Na \longrightarrow Na^{+} + e^{-}$$

ナトリウム原子　ナトリウムイオン　電子

(2) 陰イオンのでき方

$$Cl + e^{-} \longrightarrow Cl^{-}$$

塩素原子　電子　塩化物イオン

(3) (⑬　　　　)　物質が水にとけて，陽イオンと陰イオンに分かれること。電解質の水溶液では，物質が電離してイオンが存在するため，電流が流れる。

$$NaCl \longrightarrow Na^{+} + Cl^{-}$$

塩化ナトリウム　ナトリウムイオン　塩化物イオン

満点★ミッション

⑥原子核
原子の中心にあり，陽子と中性子からできている。

⑦陽子
原子核の一部で，＋の電気をもつもの。

⑧中性子
原子核の一部で，電気をもたないもの。

⑨電子
原子核のまわりにある，－の電気をもつもの。

⑩イオン
原子や原子の集団が電気を帯びたもの。

⑪陽イオン
原子や原子の集団が電子を失って，＋の電気を帯びたもの。

⑫陰イオン
原子や原子の集団が電子を受けとって，－の電気を帯びたもの。

⑬電離
物質が水にとけて，陽イオンと陰イオンに分かれること。

解答 p.1

テストに出る!
予想問題

第1章　水溶液とイオン

⏱30分

/100点

1 下の図のような装置を使って，さまざまな水溶液に電流が流れるかどうかを調べ，表に結果をまとめた。これについて，あとの問いに答えなさい。

5点×5〔25点〕

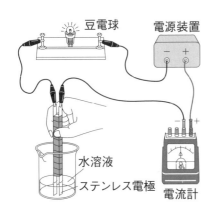

豆電球　電源装置

水溶液

ステンレス電極　電流計

水溶液の種類	電流
塩化ナトリウム水溶液	①
うすい塩酸	○
塩化銅水溶液	○
エタノール水溶液	②
砂糖水	×

○…流れた。×…流れなかった。

(1) 塩化ナトリウム水溶液，エタノール水溶液には電流が流れたか。表の①，②にあてはまる記号を答えなさい。　①（　　）　②（　　）

(2) 塩化銅水溶液のように，水にとかしたときに電流が流れる物質を何というか。
（　　　　　）

(3) (2)の水溶液に電流が流れるのはなぜか。次の文の（　）にあてはまる言葉を答えなさい。
①（　　　　　）　②（　　　　　）

> 水にとけた物質が（　①　）して，水溶液中に（　②　）が存在するから。

よく
出る **2** 原子のなり立ちについて，次の問いに答えなさい。

5点×4〔20点〕

(1) 原子の中心にあり，陽子と中性子からできているAを何というか。　（　　　　　）

(2) 陽子と中性子のうち，＋の電気をもっているのは，どちらか。　（　　　　　）

(3) Aのまわりにある－の電気をもつBを何というか。　（　　　　　）

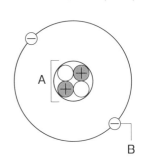

(4) 図の原子全体としては，電気的にどのような状態か。次のア〜ウから選びなさい。　（　　　　）

　ア　原子全体として，＋の電気を帯びている。

　イ　原子全体として，－の電気を帯びている。

　ウ　原子全体として，電気を帯びていない。

よく出る **3** 電流が流れる水溶液について調べるために，下の図1，2のように塩化銅水溶液，うすい塩酸のそれぞれに電流を流した。これについて，あとの問いに答えなさい。　5点×5〔25点〕

図1

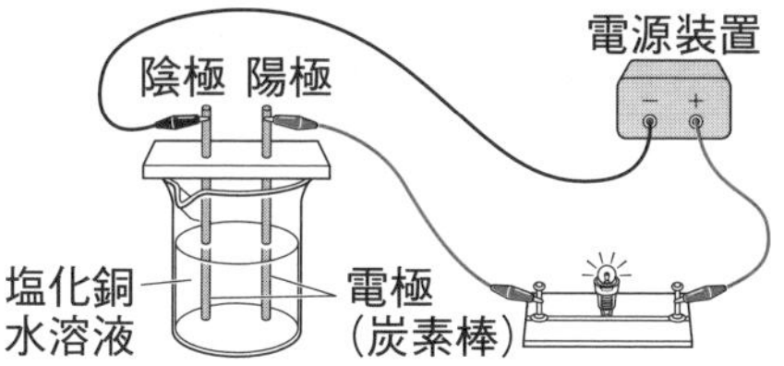

図2

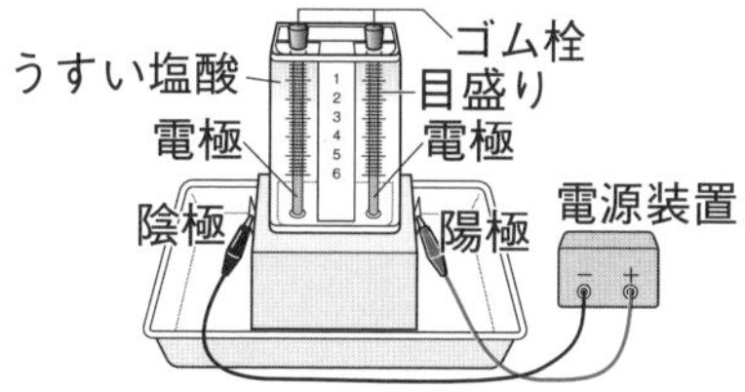

記述 (1) 塩化銅水溶液に電流を流したとき，陽極，陰極のようすはそれぞれどのようになるか。簡単に答えなさい。

陽極（　　　　　　　　　　　　　　　　　　　　　　　　　　　　　　　）

陰極（　　　　　　　　　　　　　　　　　　　　　　　　　　　　　　　）

(2) うすい塩酸に電流を流したときに発生する気体について正しいものを，次のア〜エからすべて選びなさい。　　　　　　　　　　　　　　　　　　　（　　　　　　）

ア　陽極から発生する気体は，図1の陽極から発生する気体と同じである。

イ　陽極から発生する気体に線香を近づけると，線香が激しく燃える。

ウ　陰極から発生する気体は，図1の陰極から発生する気体と同じである。

エ　陰極から発生する気体にマッチの火を近づけると音をたてて燃える。

記述 (3) 図1，2から共通して発生する気体がとけた水溶液を赤インクに滴下すると，どうなるか。

（　　　　　　　　　　　　　　　　　　　　　　　　　　　　　　　　　）

(4) 塩化銅の電離のようすをイオンを表す化学式を使って表しなさい。

（　　　　　　　　　　　　　　　　　　　　　　　　　　　　　　　　　）

4 イオンについて調べ，右のような表にまとめた。これについて，次の問いに答えなさい。　5点×6〔30点〕

(1) ①，②にあてはまる化学式と，③，④にあてはまるイオンの名称を答えなさい。

陽イオン	化学式	陰イオン	化学式
水素イオン	H^+	水酸化物イオン	OH^-
ナトリウムイオン	①	塩化物イオン	②
カリウムイオン	K^+	硫酸イオン	$SO_4{}^{2-}$
亜鉛イオン	Zn^{2+}	硝酸イオン	$NO_3{}^-$
③	Mg^{2+}	④	$CO_3{}^{2-}$

①（　　　　　　　　）②（　　　　　　　　）

③（　　　　　　　　）④（　　　　　　　　）

(2) ①，②のイオンのでき方を(例)にならってそれぞれ書きなさい。ただし，電子1個をe^-と表すものとする。(例)　$H \longrightarrow H^+ + e^-$

①（　　　　　　　　　　　　　　　　　　　　　）

②（　　　　　　　　　　　　　　　　　　　　　）

第2章　酸，アルカリとイオン

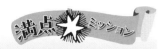

テストに出る！ ココが要点　解答 p.1

① 酸性やアルカリ性の水溶液の性質　[教] p.30～p.33

1 水溶液の性質

	(①　　) の変化	フェノールフタレイン溶液の変化	マグネシウムリボンとの反応	電圧を加えたときのようす
酸性	黄色になる。	変化しない。	(②　　) が発生する。	電流が流れる。
アルカリ性	青色になる。	赤色になる。	水素は発生しない。	電流が流れる。
中性	緑色になる。	変化しない。	水素は発生しない。	電流が流れるものと流れないものがある。

② 酸性，アルカリ性の正体　[教] p.34～p.39

1 酸性・アルカリ性とイオン

(1) (③　　) 水溶液にしたとき，電離して水素イオンを生じる化合物。

酸(さん) ⟶ 水素イオン ＋ 陰イオン

(2) (④　　) 水溶液にしたとき，電離して水酸化物イオンを生じる化合物。

アルカリ ⟶ 陽イオン ＋ 水酸化物イオン

2 酸性・アルカリ性の強さ

(1) 指示薬　酸性・中性・アルカリ性を調べる薬品。

[例]BTB溶液，フェノールフタレイン溶液

(2) (⑤　　) 酸性・アルカリ性の強さを表す値(あたい)。7が中性で，値が7より小さいほど酸性が強く，値が7より大きいほどアルカリ性が強い。

図1

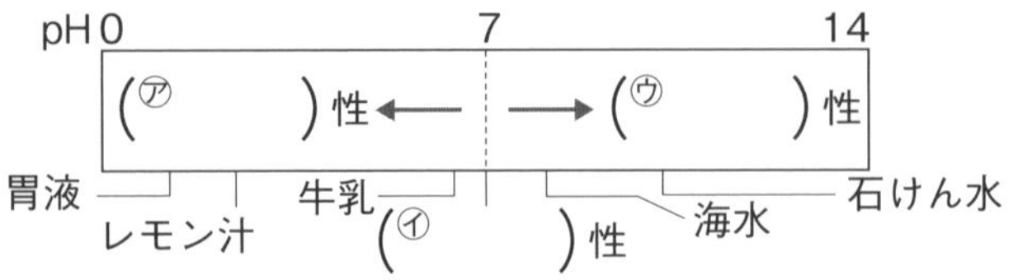
pH 0
7
14
(㋐　　) 性
(㋒　　) 性
胃液
レモン汁
牛乳
(㋑　　) 性
海水
石けん水

満点★ミッション

①BTB溶液
酸性で黄色，アルカリ性で青色，中性で緑色を示す溶液。

②水素
酸性の水溶液がマグネシウムと反応して発生する気体。

ポイント
水素に火を近づけると音をたてて燃える。

③酸
水溶液にしたとき，電離して水素イオンを生じる化合物。

④アルカリ
水溶液にしたとき，電離して水酸化物イオンを生じる化合物。

⑤pH(ピーエイチ)
酸性・アルカリ性の強さを表す値。万能pH試験紙やpHメーターで測定することができる。

ココが要点の答えになります。

③ 酸とアルカリを混ぜ合わせたときの変化 教 p.40〜p.46

満点★ミッション

1 中和

(1) (⑥　　　　) 水素イオンと水酸化物イオンが結びついて水ができ，たがいの性質を打ち消し合う反応。

$$H^+ + OH^- \longrightarrow H_2O$$
水素イオン　　水酸化物イオン　　　　水

(2) 塩酸と水酸化ナトリウム水溶液の中和　塩化ナトリウムと(⑦　　　　)ができる。

図2

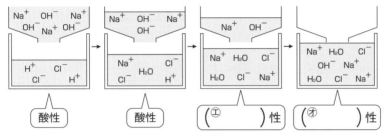

酸性　　　　酸性　　　　(エ　　)性　　(オ　　)性

(3) (⑧　　　　) 全ての水酸化物イオンと水素イオンが結びついて，酸性もアルカリ性も示さなくなったときの性質。

2 塩

(1) (⑨　　　　) 酸の陰イオンとアルカリの陽イオンが結びついてできた物質。

図3

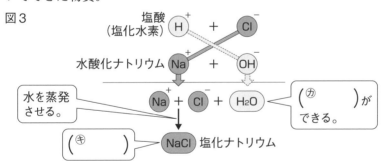

水を蒸発させる。　(カ　　)ができる。　(キ　　)　NaCl 塩化ナトリウム

(2) 代表的な塩
- 塩化ナトリウム…塩酸と水酸化ナトリウム水溶液の中和でできる。
$$HCl + NaOH \longrightarrow NaCl + H_2O$$
塩化ナトリウム
- (⑩　　)…硝酸と水酸化カリウム水溶液の中和でできる。
$$HNO_3 + KOH \longrightarrow KNO_3 + H_2O$$
硝酸カリウム
- (⑪　　)…硫酸と水酸化バリウム水溶液の中和でできる。
$$H_2SO_4 + Ba(OH)_2 \longrightarrow BaSO_4 + 2H_2O$$
硫酸バリウム

⑥中和 水素イオンと水酸化物イオンが結びついて水をつくり，たがいの性質を打ち消し合う反応。

⑦水 水素イオンと水酸化物イオンが結びついてできる。

⑧中性 水溶液中の水素イオンと水酸化物イオンが結びつき，酸性もアルカリ性も示さなくなったときの性質。

⑨塩 酸の陰イオンとアルカリの陽イオンとが結びついてできた物質。

⑩硝酸カリウム 硝酸と水酸化カリウム水溶液の中和によって生じる塩。

⑪硫酸バリウム 硫酸と水酸化バリウム水溶液の中和によって生じる塩。レントゲン撮影の造影剤などに利用されている。

テストに出る！

予想問題　第２章　酸，アルカリとイオン－①

30分　/100点

よく出る **1** 塩化ナトリウム水溶液，うすい塩酸，うすい水酸化ナトリウム水溶液のいずれかである，A，B，Cの水溶液の性質を，次のような実験を行って調べ，表にまとめた。これについて，あとの問いに答えなさい。　4点×7〔28点〕

実験１　フェノールフタレイン溶液を１滴加えて，色の変化を調べた。

実験２　BTB溶液を１滴加えて，色の変化を調べた。

実験３　マグネシウムリボンとの反応を調べた。

	実験１	実験２	実験３
A	変化しない。	㋒	㋓
B	㋐	青色になる。	水素が発生しない。
C	㋑	緑色になる。	水素が発生しない。

⑴　㋐，㋑にあてはまるフェノールフタレイン溶液を加えたときのようすをそれぞれ答えなさい。

㋐（　　　　　）　㋑（　　　　　）

⑵　㋒にあてはまるBTB溶液の色の変化を答えなさい。

（　　　　　）

⑶　㋓にあてはまるようすを答えなさい。　（　　　　　）

⑷　A，B，Cの水溶液は何か。それぞれ答えなさい。

A（　　　　　）　B（　　　　　）

C（　　　　　）

2 塩酸と水酸化ナトリウム水溶液について，次の問いに答えなさい。　5点×6〔30点〕

⑴　塩酸中で，塩化水素はどのように電離しているか。イオンを表す化学式を使って表しなさい。　（　　　　　）

⑵　⑴の化学式のうち，酸が電離したときに見られるイオンはどれか。　（　　　　　）

⑶　水酸化ナトリウム水溶液中で，水酸化ナトリウムはどのように電離しているか。イオンを表す化学式を使って表しなさい。　（　　　　　）

⑷　⑶の化学式のうち，アルカリが電離したときに見られるイオンはどれか。

（　　　　　）

⑸　中性のときは７であり，酸性やアルカリ性の強さを表す数値は何か。（　　　　　）

⑹　⑸の値が７より小さいとき，その水溶液は何性か。　（　　　　　）

[3] 下の図は，塩酸に水酸化ナトリウム水溶液を加えていったときのイオンのようすを表している。これについて，あとの問いに答えなさい。
3点×14〔42点〕

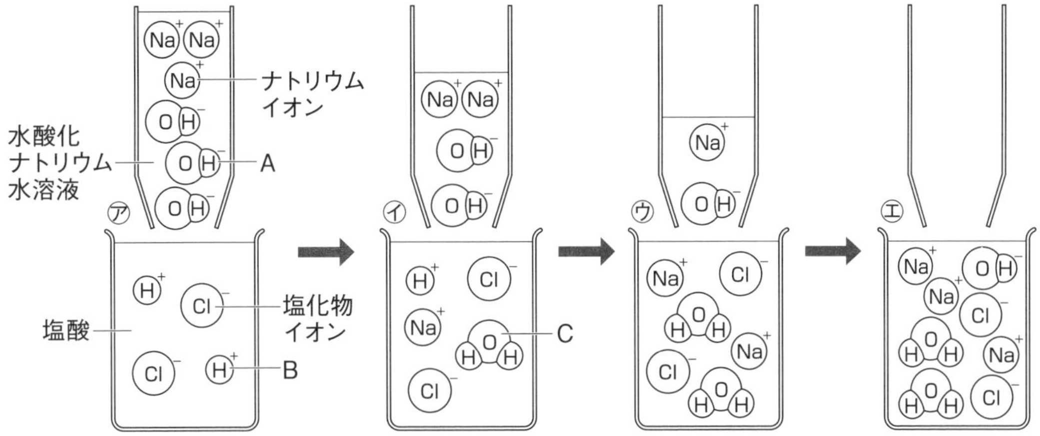

(1) A，Bのイオンの名称と，Cの物質の名称を答えなさい。
A（　　　　）B（　　　　）C（　　　　）

(2) Cについて，次の①〜④に答えなさい。

① Cは，酸の何イオンと，アルカリの何イオンが結びついてできるか。
酸（　　　　）アルカリ（　　　　）

② ①の反応のようすを，化学反応式で表しなさい。
（　　　　）

③ ①の反応を何というか。（　　　　）

④ 水酸化ナトリウム水溶液を加えると，③の反応が起こるものを，図の㋐〜㋒からすべて選びなさい。（　　　　）

(3) 図の㋒，㋓の水溶液にBTB溶液を加えると，それぞれ何色になるか。
㋒（　　　　）㋓（　　　　）

(4) 図の水溶液の性質について，次の①〜③に答えなさい。

① マグネシウムリボンを入れると水素が発生するものを，図の㋐〜㋓からすべて選びなさい。（　　　　）

② 中性の水溶液を，図の㋐〜㋓から選びなさい。（　　）

③ 図の水溶液の温度変化を測定すると，どのようなことがわかるか。次のア〜ウから選びなさい。（　　）

ア　しだいに温度が低くなり，やがて高くなる。

イ　しだいに温度が高くなり，やがて低くなる。

ウ　温度は変化しない。

(5) 次の文の(　)にあてはまる言葉を答えなさい。（　　　　）

塩酸に水酸化ナトリウム水溶液を加えると，水と，塩である(　　)ができる。

テストに出る！

予想問題　第２章　酸，アルカリとイオン－②

30分　/100点

[1] 図１のように，スライドガラスに塩化ナトリウム水溶液をしみこませたろ紙，塩化ナトリウム水溶液とこい緑色にしたBTB溶液をしみこませたろ紙を置き，金属製のクリップではさんで電源装置につないだ。次に，×の印の位置にうすい塩酸やうすい水酸化ナトリウム水溶液をつけて，それぞれ電圧を加えた。これについて，あとの問いに答えなさい。

5点×10〔50点〕

図１

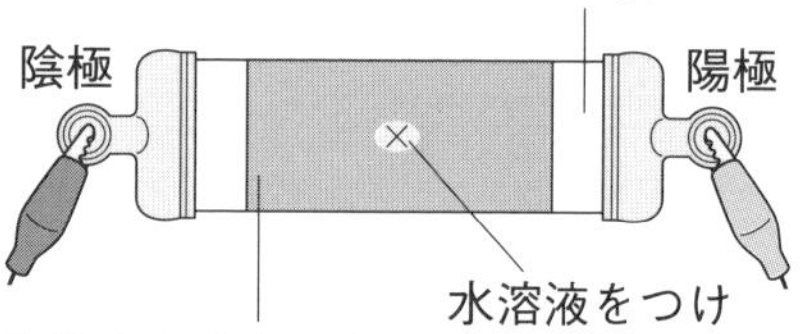
塩化ナトリウム水溶液をしみこませたろ紙
陰極
陽極
水溶液をつけたところ
塩化ナトリウム水溶液とBTB溶液をしみこませたろ紙

図２

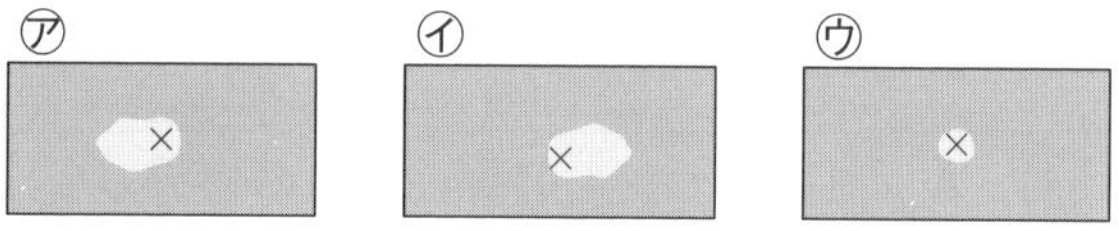
㋐
㋑
㋒
変色したところが陰極側に移動する。
変色したところが陽極側に移動する。
変色したところが動かない。

(1) 図１でうすい塩酸をつけると，ろ紙上のBTB溶液の色は何色になるか。 (　　　)

(2) (1)で変色したところは，電圧を加えるとどのようになるか。図２の㋐～㋒から選びなさい。 (　　)

(3) (1)でBTB溶液の色を変えたものは，＋，－のどちらの電気を帯びているといえるか。 (　　)

(4) 酸性の性質を示すもとになるイオンは何か。名称を答えなさい。 (　　　)

(5) 水溶液にしたとき，電離して(4)のイオンを生じる化合物を何というか。 (　　　)

(6) 図１でうすい水酸化ナトリウム水溶液をつけると，ろ紙上のBTB溶液の色は何色になるか。 (　　　)

(7) (6)で変色したところは，電圧を加えるとどのようになるか。図２の㋐～㋒から選びなさい。 (　　)

(8) (6)でBTB溶液の色を変えたものは，＋，－のどちらの電気を帯びているといえるか。 (　　)

(9) アルカリ性の性質を示すもとになるイオンは何か。名称を答えなさい。 (　　　)

(10) 水溶液にしたとき，電離して(9)のイオンを生じる化合物を何というか。 (　　　)

よく出る **2** 右の図のように，ビーカーに入れたうすい水酸化ナトリウム水溶液にBTB溶液を数滴加えた後，うすい塩酸を加えていった。これについて，次の問いに答えなさい。

5点×6〔30点〕

うすい水酸化ナトリウム
水溶液にBTB溶液を加え
たもの　　　　うすい塩酸

(1) BTB溶液の色の変化はどうなるか。次の**ア〜エ**から選びなさい。　　　　　　　　　（　　）

　　ア　緑色→青色→黄色　　　イ　青色→緑色→黄色
　　ウ　黄色→緑色→青色　　　エ　黄色→青色→緑色

(2) うすい水酸化ナトリウム水溶液とうすい塩酸を混ぜたときに起こる，たがいの性質を打ち消し合う反応を何というか。　　　　　　　　　　　　　　　　　（　　　　　　　）

(3) 水溶液が緑色のとき，水溶液中にある全てのイオンを化学式で答えなさい。
　　　　　　　　　　　　　　　　　　　　　　　　　　（　　　　　　　）

(4) うすい水酸化ナトリウム水溶液とうすい塩酸がたがいの性質を完全に打ち消し合っているとき，水溶液は何性となっているか。　　　　　　　　　（　　　　　　　）

(5) 実験のとちゅうの水溶液にマグネシウムリボンを加えたとき，どのような反応が見られるか。次の**ア〜エ**から選びなさい。　　　　　　　　（　　）

　　ア　水溶液が緑色のとき，気体が発生する。
　　イ　水溶液が黄色のとき，気体が発生する。
　　ウ　水溶液が青色のとき，気体が発生する。
　　エ　水溶液の色に関係なく，気体は発生し続ける。

(6) うすい水酸化ナトリウム水溶液に，うすい塩酸を加えたときの化学変化を，化学反応式で表しなさい。　　（　　　　　　　　　　　　　　　　　　　）

3 右の図のように，A〜Dの4本の試験管に水酸化バリウム水溶液を10cm³ずつとり，BTB溶液を数滴加えた。次に，試験管B，C，Dにうすい硫酸をそれぞれ4cm³，8cm³，12cm³加えた。このとき，試験管Cは緑色を示した。次の問いに答えなさい。

4点×5〔20点〕

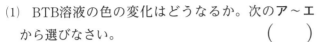

硫酸　　硫酸　　硫酸
4cm³　8cm³　12cm³

A　　B　　C　　D

水酸化バリウム水溶液10cm³

(1) 試験管B，Dの色は何色を示すか。
　　　　　　　B（　　　　　　）　D（　　　　　　）

(2) うすい硫酸を加えると，白い沈殿が生じた。この沈殿は何という物質か。
　　　　　　　　　　　　　　　　（　　　　　　　）

(3) 中和のときに生じる(2)のような物質のことを何というか。　　　　　　　　　　　　　　　（　　　　　　　）

(4) 試験管Cの水溶液中にはどのようなイオンが存在するか。次の**ア〜ウ**から選びなさい。　　（　　）
　　ア　イオンは存在しない。　　イ　H^+とSO_4^{2-}　　ウ　Ba^{2+}とOH^-

第3章 化学変化と電池

テストに出る！ **ココ**が**要点** 解答 p.3

① 電池と金属のイオンへのなりやすさ 教 p.48～p.57

1 電池

(1) (①) 化学変化を利用して物質がもっている
(②) を電気エネルギーに変える装置。

(2) 電池の電極で起こる化学変化 －極では電子を放出する反応，
＋極では電子を受けとる反応が起こっている。

(3) うすい塩酸に銅板と亜鉛板を入れた電池
- －極…亜鉛原子が電子を2個失って (③) になる。

$$亜鉛 \longrightarrow 亜鉛イオン + 電子$$
$$Zn \longrightarrow Zn^{2+} + 2e^-$$

- ＋極…(④) が電子を1個受けとって水素原子になる。これが2個結びついて (⑤) となり，気体として発生する。

$$水素イオン + 電子 \longrightarrow （水素原子） \longrightarrow 水素分子$$
$$2H^+ + 2e^- \longrightarrow （2H） \longrightarrow H_2$$

図1

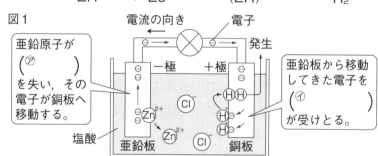

(4) 金属のイオンへのなりやすさ イオンになりやすい金属の単体は，水溶液中にあるイオンになりにくい金属の陽イオンに**電子**をあたえ，金属の単体にする。自身は陽イオンになってとけ出す。

	硫酸銅水溶液	硫酸マグネシウム水溶液	硫酸亜鉛水溶液
銅		反応なし	反応なし
マグネシウム	銅が付着		亜鉛が付着
亜鉛	銅が付着	反応なし	

→**マグネシウム**，**亜鉛**，**銅**の順にイオンになりやすい。

---

② ダニエル電池

[教] p.58〜p.61

1 ダニエル電池

(1) ダニエル電池のしくみ

- −極…亜鉛原子が電子を失って**亜鉛イオン**になる。

亜鉛 ⟶ 亜鉛イオン ＋ 電子

$Zn \longrightarrow Zn^{2+} + 2e^-$

- ＋極…(⑥　　　　　)が電子を受けとって銅になる。

銅イオン ＋ 電子 ⟶ 銅

$Cu^{2+} + 2e^- \longrightarrow Cu$

図2

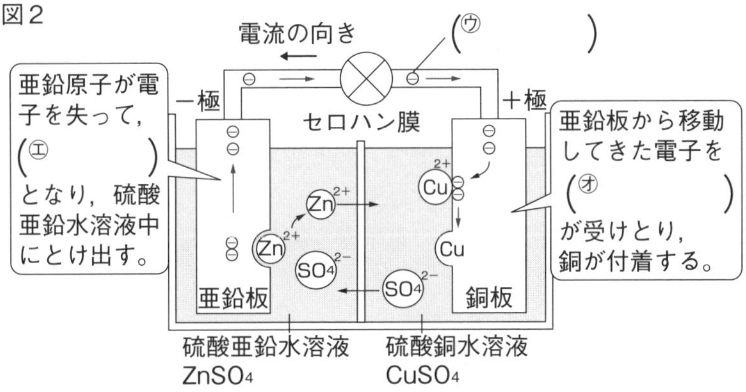

③ 身のまわりの電池

[教] p.62〜p.65

1 いろいろな電池

(1) (⑦　　　　　) 使うと電圧が低下し，もとにもどらない電池。アルカリ乾電池やマンガン乾電池，リチウム電池など。

(2) (⑧　　　　　) 外部から逆向きの電流を流すことで電圧が回復し，くり返し使える電池。**蓄電池**ともいう。ニッケル水素電池やリチウムイオン電池など。

(3) (⑨　　　　　) 水の電気分解とは逆の化学変化を利用する電池。

図3

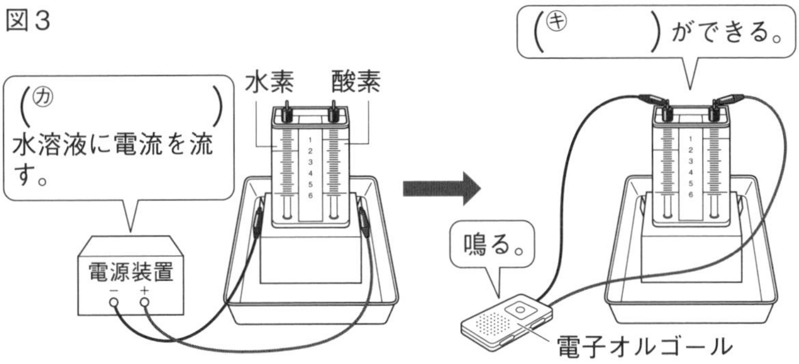

満点ミッション

⑥**銅イオン**
銅原子が電子を2個失ったもの。Cu^{2+}で表される。

ポイント
セロハン膜は，必要なイオンだけを通過させ，2種類の水溶液をすぐに混ざらないようにしている。

ポイント
電圧を回復させる操作を充電という。

⑦**一次電池**
充電できない電池。マンガン乾電池やリチウム電池など。

⑧**二次電池**
充電によってくり返し使える電池。蓄電池ともいう。ニッケル水素電池やリチウムイオン電池など。

⑨**燃料電池**
水素と酸素が化学変化を起こすときに発生する電気エネルギーを直接とり出すしくみ。使用後には水ができ，有害な物質を生じない。

テストに出る！

予想問題 第3章　化学変化と電池

⏱30分

/100点

1 右の図のように，亜鉛板と銅板をうすい塩酸に入れ，これら
を豆電球と電流計に接続すると，回路に電流が流れた。これに
ついて，次の問いに答えなさい。　　　　　　　5点×4〔20点〕

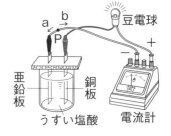

(1) 図の亜鉛板を銅板に変えると，電流をとり出すことができ
るか。　　　　　　　　　　　　（　　　　　　　　）

(2) 図のうすい塩酸を砂糖水に変えると，電流をとり出すこと
ができるか。　　　　　　　　　（　　　　　　　　）

(3) この実験では，豆電球が光っているとき，銅板で水素が発生する。このしくみの説明と
して正しいものを，次の**ア〜ウ**から選びなさい。　　　　　　　　　　（　　　）

　ア 水素イオンが銅板に電子をわたし，その電子が銅板→豆電球→亜鉛板へと移動する。

　イ 亜鉛がイオンになるとき電子を放出し，その電子が亜鉛板→豆電球→銅板へと移動し，
銅板で水素イオンが電子を受けとる。

　ウ 亜鉛がイオンになるとき電子を放出し，その電子が亜鉛板→豆電球→銅板へと移動し，
銅板で水素イオンが電子を失う。

(4) 図の**P**点での電流の向きは，**a**，**b**のどちらか。　　　　　　　　　（　　　）

2 金属のイオンへのなりやすさについて，次の問いに答えなさい。　　　4点×9〔36点〕

(1) 銅片を硫酸マグネシウム水溶液，硫酸亜鉛水溶液に入れておくと，銅片の表面はどのよ
うになるか。次の**ア〜エ**から選びなさい。

　　　　　　　　　　硫酸マグネシウム水溶液（　　　）　硫酸亜鉛水溶液（　　　）

　ア 銅が付着する。　　**イ** 亜鉛が付着する。

　ウ マグネシウムが付着する。　　**エ** 変化しない。

(2) 亜鉛片を硫酸マグネシウム水溶液，硫酸銅水溶液に入れておくと，亜鉛片の表面はどの
ようになるか。(1)の**ア〜エ**から選びなさい。

　　　　　　　　　　硫酸マグネシウム水溶液（　　　）　硫酸銅水溶液（　　　）

(3) マグネシウム片を硫酸亜鉛水溶液，硫酸銅水溶液に入れるとどのようになるか。次の文
の（　）にあてはまる言葉を答えなさい。

　　　　①（　　　　　）②（　　　　）③（　　　　）④（　　　　）

> マグネシウムは（　①　）を放出して，（　②　）になり，水溶液中の（　③　）や（　④　）が（　①　）
> を受けとる。そのため，マグネシウム片には，亜鉛や銅が付着する。

(4) マグネシウム，亜鉛，銅のうち，最もイオンになりやすいのは何か。

　　　　　　　　　　　　　　　　　　　　　　　　　　　（　　　　　　　　）

3 右の図のように，ダニエル電池の金属板を導線でつなぐと，モーターが回った。これについて，次の問いに答えなさい。 4点×3〔12点〕

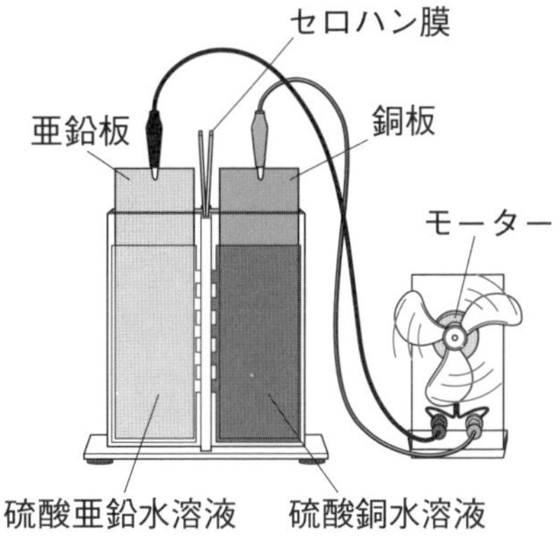

(1) 亜鉛板のようすはどのようになっているか。次のア，イから選びなさい。 (　　)

ア 水溶液中の亜鉛イオンが電子を受けとり，亜鉛原子が付着する。

イ 亜鉛原子が電子を失い，亜鉛イオンとなって水溶液中にとけ出す。

(2) 銅板と亜鉛板のうち，＋極はどちらか。 (　　　　　)

(3) 銅板での反応を化学反応式で表しなさい。ただし，電子1個をe^-と表すものとする。

（例） $H \longrightarrow H^+ + e^-$ (　　　　　　　　　　　　　　　　　　　　)

よく出る **4** 右の図1の簡易電気分解装置で水を電気分解した。その後，図2のように電源装置をはずし，電子オルゴールをつないだ。これについて，次の問いに答えなさい。 4点×5〔20点〕

図1 簡易電気分解装置　　図2

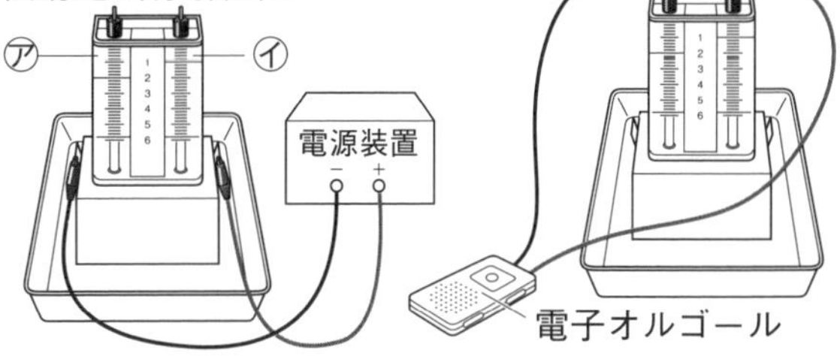

(1) 図1の㋐，㋑には，それぞれ何という気体が発生したか。

㋐(　　　　　　)

㋑(　　　　　　)

(2) 図2のように電子オルゴールをつなぐと，電子オルゴールは鳴るか。

(　　　　　　)

(3) 図2では，ある反応とは逆の化学変化が起こっている。ある反応とはどのような化学変化か。 (　　　　　　)

(4) (3)のような化学変化を利用して，電気エネルギーをとり出す装置を何というか。

(　　　　　　)

5 次の①～③の電池の特徴（とくちょう）を，あとのア～ウからそれぞれ選び，記号で答えなさい。

4点×3〔12点〕

① リチウムイオン電池　② 鉛蓄（なまりちく）電池　③ マンガン乾電池

①(　　) ②(　　) ③(　　)

ア 充電してくり返し使うことができ，携帯（けいたい）電話などに使われる。

イ －極では亜鉛，＋極では二酸化マンガンがはたらいている。

ウ 車のバッテリーなどに使われている。鉛が使用されていて重い。

第1章　生物の成長と生殖

テストに出る! **ココが要点**　解答 p.4

① 生物の成長と細胞の変化　教 p.78～p.83

1 細胞分裂（さいぼうぶんれつ）

(1) （①　　　　）　1個の細胞（さいぼう）が2つに分かれ，2個の細胞になること。

(2) （②　　　　）　細胞分裂が行われている細胞に見られるひものようなもの。

(3) （③　　　　）　生物の形質（けいしつ）（形や性質など）を決めるもの。染色体（せんしょくたい）にある。

(4) （④　　　　）　からだをつくる細胞が分裂する細胞分裂。

(5) （⑤　　　　）　細胞分裂の準備に入ると，それぞれの染色体と同じものが1つずつつくられ，2本ずつになること。

図1

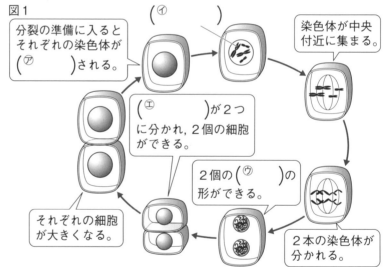

（㋐　　　　）

分裂の準備に入るとそれぞれの染色体が（㋐　　　　）される。

染色体が中央付近に集まる。

（㋓　　　　）が2つに分かれ，2個の細胞ができる。

2個の（㋒　　　　）の形ができる。

それぞれの細胞が大きくなる。

2本の染色体が分かれる。

② 無性生殖と有性生殖　教 p.84～p.89

1 無性生殖（むせいせいしょく）

(1) （⑥　　　　）　生物が新しい個体（子）をつくること。

(2) （⑦　　　　）　受精（じゅせい）を行わない生殖（せいしょく）。

(3) 動物の無性生殖　イソギンチャクは分裂することでふえる。

(4) 植物の無性生殖　サツマイモはいもから新しい個体ができる。
植物がからだの一部から新しい個体をつくる無性生殖を，（⑧　　　　）という。

満点★ミッション

①**細胞分裂**
1個の細胞が2つに分かれ，2個の細胞になること。

②**染色体**
細胞分裂のときに見られるようになる，ひものようなもの。

③**遺伝子**（いでんし）
染色体にある，生物の形質を決めるもの。

④**体細胞分裂**（たいさいぼうぶんれつ）
からだをつくる細胞が分裂する細胞分裂。

⑤**複製**（ふくせい）
分裂の準備に入り，細胞にあるそれぞれの染色体と同じものがもう1つずつつくられ，2本ずつになること。

⑥**生殖**（せいしょく）
生物が自分と同じ種類の個体（子）をつくること。

⑦**無性生殖**（むせいせいしょく）
受精を行わない生殖。

⑧**栄養生殖**（えいようせいしょく）
植物がからだの一部から新しい個体をつくる無性生殖。

2 有性生殖

(1) （⑨　　　　）　受精によって子をつくる生殖。

(2) （⑩　　　　）　生殖のための特別な細胞。動物では卵と精子，被子植物では卵細胞と精細胞。

(3) 受精　生殖細胞が結合し，それぞれの核が合体して1個の細胞となること。

(4) （⑪　　　　）　受精によってつくられる新しい細胞。

(5) （⑫　　　　）　将来，植物や動物のからだになるつくりを備えている，受精卵が細胞分裂をくり返したもの。

(6) （⑬　　　　）　受精卵が胚になり，からだのつくりが完成していく過程。

図2 ●被子植物の有性生殖●

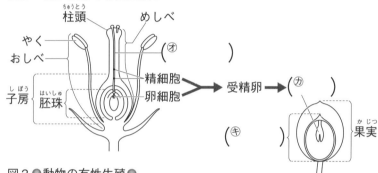

図3 ●動物の有性生殖●

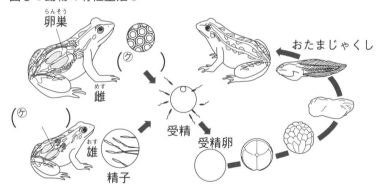

3 染色体の受けつがれ方

教 p.90～p.94

1 有性生殖と無性生殖の特徴

(1) （⑭　　　　）　有性生殖において，生殖細胞がつくられるときに行われる特別な細胞分裂。染色体の数が半分になる。

(2) 有性生殖の特徴　受精によって染色体が受けつがれるため，子の形質は，両方の親の遺伝子によって決まる。

(3) 無性生殖の特徴　受精は行われないため，子は親の染色体をそのまま受けつぎ，子の形質は親の形質と同じものになる。

⑨有性生殖
生殖細胞の受精によって新しい個体をつくる生殖。

⑩生殖細胞
卵細胞，精細胞，卵，精子など。

⑪受精卵
生殖細胞の核が合体してつくられる新しい細胞。

⑫胚
受精卵が細胞分裂をくり返し，からだになるつくりを備えているもの。

⑬発生
受精卵が胚になり，個体としてのからだのつくりが完成していく過程。

ポイント
卵，精子，受精卵はそれぞれ1つの細胞である。

⑭減数分裂
生殖細胞がつくられるときの特別な細胞分裂。

第1章　生物の成長と生殖

⏱30分　　/100点

よく出る 1 細胞の変化について，次の問いに答えなさい。　　3点×7〔21点〕

(1) 生物の形や性質などのいろいろな特徴を何というか。　　（　　　　　）

(2) (1)を決めるもととなったり，親から子孫へ(1)を伝えるもとになったりするものを何というか。　　（　　　　　）

(3) 下の図は，タマネギの根の先端近くの細胞のようすを模式的に表したものである。

 a b c d  e 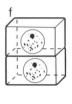 f

A

① タマネギの細胞を観察するとき，根の先端の部分をある薬品に入れてあたためた後，染色液をたらして観察する。ある薬品とは何か。　　（　　　　　）

② 細胞の核にふくまれている，図のAを何というか。　　（　　　　　）

③ ②の本数は生物の種類によって決まっているか。　　（　　　　　）

④ a〜fのようにして，1つの細胞が2つに分かれることを何というか。　　（　　　　　）

⑤ a〜fの変化を，aを初めとして，段階の早い順に並べなさい。

（　a　→　　　→　　　→　　　→　　　）

2 右の図1は，アメーバが体細胞分裂で新しい個体をつくるようすである。図2は，動物の生殖細胞から受精卵ができるようすを表したものである。これについて，次の問いに答えなさい。　　3点×5〔15点〕

(1) アメーバと同じように，体細胞分裂で個体をふやす生物を，次のア〜エから2つ選びなさい。　　（　　　）（　　　）

図1
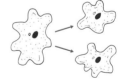

ア　ゾウリムシ　　イ　コガネムシ
ウ　メダカ　　　　エ　ミカヅキモ

(2) アメーバのように，体細胞分裂によって，子をつくる生殖を何というか。（　　　　　）

(3) 図2のAのような，生殖細胞をつくるときの細胞分裂を何というか。（　　　　　）

(4) 図2のBのように，卵と精子が結合して受精卵をつくる生殖を何というか。
（　　　　　）

図2
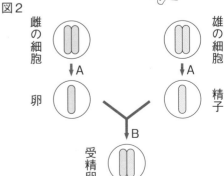

3 下の図は，カエルが子孫を残すようすである。あとの問いに答えなさい。 2点×12〔24点〕

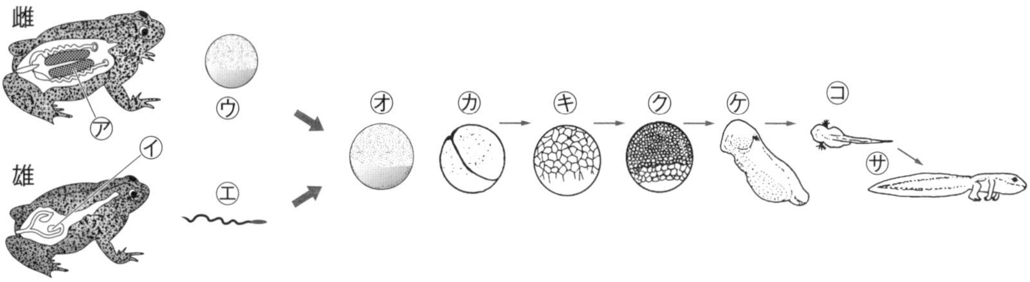

⑴ 図の㋐～㋓をそれぞれ何というか。
㋐（　　　　） ㋑（　　　　） ㋒（　　　　） ㋓（　　　　）
⑵ ㋒の核と㋓の核が合体し，１個の細胞になることを何というか。（　　　　）
⑶ ⑵の結果できた㋔を何というか。（　　　　）
⑷ ㋔の染色体の数は，㋒や㋓をつくる前の細胞と同じか，半分か。（　　　　）
⑸ ㋕は何という変化が始まったところを表しているか。（　　　　）
⑹ ㋕～㋘のような状態のものを何というか。（　　　　）
⑺ ㋙や㋚のように，カエルの卵がふ化したものをふつう，何というか。（　　　　）
⑻ ㋔が㋚になり，個体としてのからだのつくりが完成していく過程を何というか。
（　　　　）
⑼ ㋔は，㋒の核と㋓の核が合体した後90分で㋕の状態になり，その後⑸の変化が11回起こった。このとき，細胞の数は何個になるか。ただし，⑸によってできた新しい細胞も全て⑸を行うものとする。（　　　　）

[よく出る] **4** 下の図は，被子植物が子孫を残すようすを模式的に表したものである。これについて，あとの問いに答えなさい。 5点×8〔40点〕

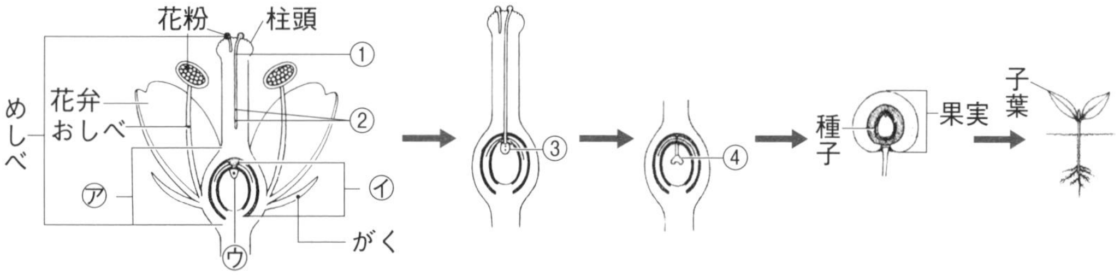

⑴ 花粉がめしべの柱頭につくことを何というか。（　　　　）
⑵ 図の花のつくりで，㋐～㋒をそれぞれ何というか。
㋐（　　　　） ㋑（　　　　） ㋒（　　　　）
⑶ 花粉から①がのび，②が運ばれていく。①と②をそれぞれ何というか。
①（　　　　） ②（　　　　）
⑷ ②が㋒と結合した③を何というか。（　　　　）
⑸ ③は細胞分裂をくり返して④になる。④を何というか。（　　　　）

第2章　遺伝の規則性と遺伝子
第3章　生物の多様性と進化

満点★ミッション

テストに出る！ ココが要点

解答 p.4

① 遺伝の規則性

教 p.96〜p.103

1 遺伝の規則性

(1) (①　　　　　)　親の形質が子や孫に伝わること。

(2) (②　　　　　)　親，子，孫と自家受粉によって代を重ねても，形質が親と全て同じであるもののこと。

(3) (③　　　　　)　エンドウの種子の丸形としわ形のように，同時に現れず，たがいに対をなす形質。

(4) (④　　　　　)　減数分裂のとき，対になっている遺伝子が分かれて，それぞれ別の生殖細胞に入ること。

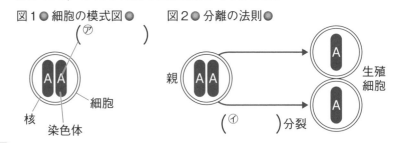

図1●細胞の模式図●　　図2●分離の法則●

核　染色体　細胞　（⑦　）　親　生殖細胞　（④　）分裂

2 遺伝のしくみ

(1) (⑤　　　　　)　対立形質のそれぞれについての純系を交配したとき，子に現れる形質。優性形質ともいう。

(2) (⑥　　　　　)　対立形質のそれぞれについての純系を交配したとき，子に現れない形質。劣性形質ともいう。

(3) 子の代への形質の伝わり方　対立形質をもつ純系の親どうしを交配すると，顕性形質のみが現れ，潜性形質は現れない。

図3

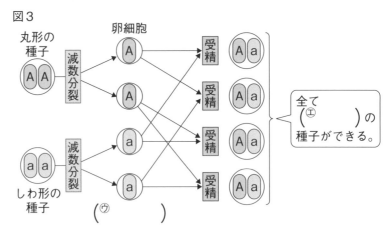

丸形の種子　減数分裂　卵細胞　受精　しわ形の種子　減数分裂　（⑦　）　全て（⑨　　）の種子ができる。

左側欄

①遺伝
親の形質が子や孫に伝わること。

②純系
何世代も自家受粉（花粉が同じ個体のめしべについて受粉すること）で代を重ねても，その形質が全て親と同じであるもの。

③対立形質
エンドウの種子の丸形としわ形，緑色と黄色のように対をなす形質。

④分離の法則
対になっている遺伝子が，減数分裂のときに分かれてそれぞれ別の生殖細胞に入ること。

⑤顕性形質
エンドウの種子の形では，丸形が顕性形質。優性形質ともいう。

⑥潜性形質
エンドウの種子の形では，しわ形が潜性形質。劣性形質ともいう。

ココが要点の答えになります。

(4) 孫の代への形質の伝わり方　Aaという遺伝子の組み合わせをもつ子を自家受粉させると，孫の代では，顕性形質：潜性形質がおよそ3：1で現れる。

2 遺伝子の本体と遺伝子やDNAに関する研究 [教] p.104〜p.108

1 DNA

(1) (⑦　　　　　) 染色体にふくまれる遺伝子の本体。これは，(⑧　　　　　　　　)という物質の英語名の略称。

2 遺伝子やDNAに関する研究成果の活用

(1) 農業への応用

- 農作物の品種の開発…何代にもわたって交配をくり返して有用な形質を得る方法が行われてきたが，長い時間がかかることもある。
- 遺伝子組換え…異なる個体の遺伝子を導入して，有用な形質を現す品種をつくり出すこと。比較的短時間で(⑨　　　　　)を行うことができる。

3 生物の多様性と進化 [教] p.109〜p.121

1 生物の歴史

(1) (⑩　　　　　) 生物の特徴が長い年月をかけて代を重ねる間に変化すること。地球上に最初に現れたセキツイ動物は魚類で，その後，両生類，ハチュウ類，ホニュウ類，鳥類の順に現れたと考えられている。

(2) 鳥類の出現

- (⑪　　　　　)…約1億5000万年前の地層から化石として発見された。鳥類とハチュウ類の特徴をもつ。

2 進化の証拠

(1) (⑫　　　　　) 現在の形やはたらきは異なっているが，もとは同じ器官であったと考えられるもの。

図4

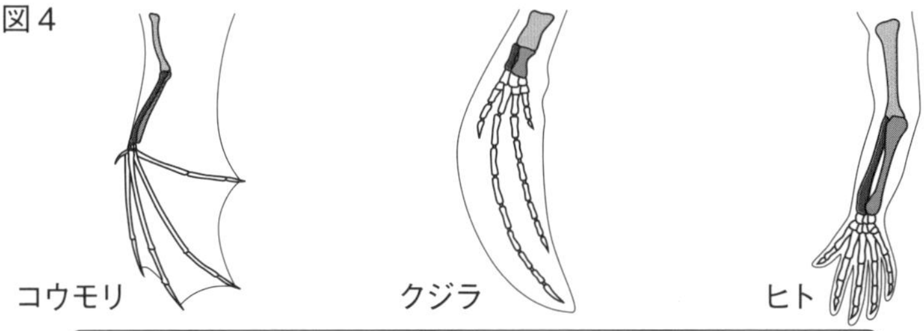

はたらきがちがうが，どの前あしも3つの骨からできている。

満点★ミッション

⑦DNA
染色体にふくまれる遺伝子の本体である物質の英語名の略称。

⑧デオキシリボ核酸
遺伝子の本体の物質名。

ポイント

遺伝子は不変ではなく，複製されるときに，DNAが変化することがある。

⑨品種改良
農作物などの品種を目的の形質を現すように改良すること。

⑩進化
生物の特徴が，長い年月をかけて代を重ねる間に変化すること。セキツイ動物は，水中から乾燥した陸上へ，生活の場所を広げていき，環境に適するように変化してきた。

⑪始祖鳥
ハチュウ類と鳥類の両方の特徴をもつ生物。

⑫相同器官
もとは同じ器官であったと考えられるからだのつくり。

テストに出る！
予想問題

第2章　遺伝の規則性と遺伝子－①
第3章　生物の多様性と進化－①

🕐 30分

/100点

1 次の問いに答えなさい。　　　　　　　　　　　　　　　　5点×4〔20点〕

(1) 毛色などの親の形質が，子や孫に伝わることを何というか。　（　　　　　　）

(2) 自家受粉によって代を重ねても，全て親と同じ形質である場合，それらを何というか。
　　　　　　　　　　　　　　　　　　　　　　　　　　　　　　　　（　　　　　　）

(3) ゴールデンハムスターの茶の毛色と黒の毛色のように，どちらか一方しか現れない形質どうしを何というか。　　　　　　　　　　　　　　　　　　　　（　　　　　　）

(4) 遺伝子の本体は何という物質か。アルファベット3字で答えなさい。（　　　　　　）

2 右の図は，エンドウの種子の形が親から子，子から孫へ遺伝するようすを模式的に表したものである。これについて，次の問いに答えなさい。ただし，エンドウの種子の形を決める遺伝子のうち，丸形をA，しわ形をaとする。　5点×8〔40点〕

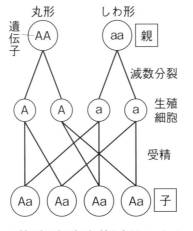
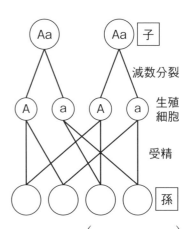

(1) 生殖細胞ができるときの特別な細胞分裂を何というか。　　　（　　　　　　）

(2) (1)のとき，対になっている遺伝子が，それぞれ別の生殖細胞に入ることを何というか。
　　　　　　　　　　　　　　　　　　　　　　　　　　　　　　　　（　　　　　　）

(3) 有性生殖で生殖細胞が結合し，それぞれの核が合体して1つの細胞になることを何というか。　　　　　　　　　　　　　　　　　　　　　　　　　　（　　　　　　）

(4) AA，aaの遺伝子の組み合わせをもつ親を交配したときにできる受精卵がもつ遺伝子の組み合わせを答えなさい。　　　　　　　　　　　　　　　　　　（　　　　　　）

(5) (4)より，子の代にできる種子の形はどのようになるか。ただし，遺伝子Aが顕性形質を伝えるものとする。　　　　　　　　　　　　　　　　　　　　（　　　　　　）

(6) 子の代で現れない形質を何というか。　　　　　　　　　　　（　　　　　　）

(7) 孫の代にできる受精卵の遺伝子の組み合わせと，その数の比はどのようになるか。
AA：aa＝1：1のように，整数比で答えなさい。
　　　　　　　　　　　　　　　　　　　　　　　　（　　　　　　　　　　　　）

(8) 孫の代の種子の形は，どのような比で現れるか。最も簡単な整数の比で答えなさい。
　　　　　　　　　　　　　　　　　　丸形：しわ形＝（　　　　：　　　　）

3 下の表は，メンデルが行ったエンドウの実験の結果をまとめたものである。組み合わせた親どうしは全て純系のものとして，あとの問いに答えなさい。　4点×5〔20点〕

形質	親の形質の組み合わせ	子での形質の現れ方	孫での形質の現れ方	
種子の形	丸形×しわ形	丸形	丸形5474	しわ形1850
子葉の色	黄色×緑色	黄色	黄色6022	緑色 2001
さやの色	緑色×黄色	緑色	緑色 428	黄色 152

⑴ エンドウの種子の形には，丸形かしわ形のどちらか一方の形質が現れる。このように対をなす形質を何というか。（　　　　　）

⑵ 種子の形は子の代では全て丸形になっている。この丸形のように，純系の異なる形質どうしを交配したとき子の代に現れる形質を何というか。（　　　　　）

⑶ 子葉の色，さやの色において，⑵の形質はどちらか。それぞれ答えなさい。
子葉の色（　　　　　）　さやの色（　　　　　）

⑷ 孫の代の黄色の子葉と緑色の子葉の個体数の比はどのようになっているか。最も簡単な整数の比で表しなさい。　黄色：緑色＝（　　：　　）

4 右の図は，精子と卵が形成され，これらが受精して受精卵ができる過程を模式的に表したものである。○の中の棒は染色体，A，a，B，bはそれぞれ遺伝子で，Aとa，Bとbは対になっている。これについて，次の問いに答えなさい。

4点×5〔20点〕

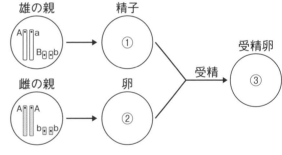

⑴ 図の①〜③にあてはまる染色体の構成を，次の㋐〜㋚からそれぞれ選びなさい。
①（　　）②（　　）③（　　）

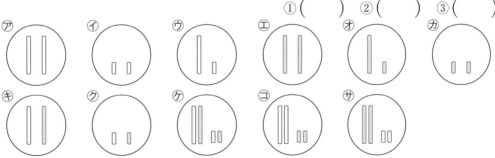

⑵ 図の①のもつ遺伝子の組み合わせとして，あてはまらないものを次のア〜オから選びなさい。（　　）
ア　AB　イ　Ab　ウ　aB　エ　ab　オ　Aa

⑶ 図の③のもつ遺伝子の組み合わせとして，あてはまらないものを次のア〜オから選びなさい。（　　）
ア　AABb　イ　AAbb　ウ　AaBB　エ　AaBb　オ　Aabb

テストに出る！
予想問題　第２章　遺伝の規則性と遺伝子－②　第３章　生物の多様性と進化－②

30分　/100点

1 エンドウの種子の形には，丸形としわ形の２種類がある。丸形の種子をつくる純系としわ形の種子をつくる純系を親として交配したところ，子は①全て丸形の種子になった。種子の形を丸形にする遺伝子をA，種子の形をしわ形にする遺伝子をaとして，次の問いに答えなさい。
5点×6〔30点〕

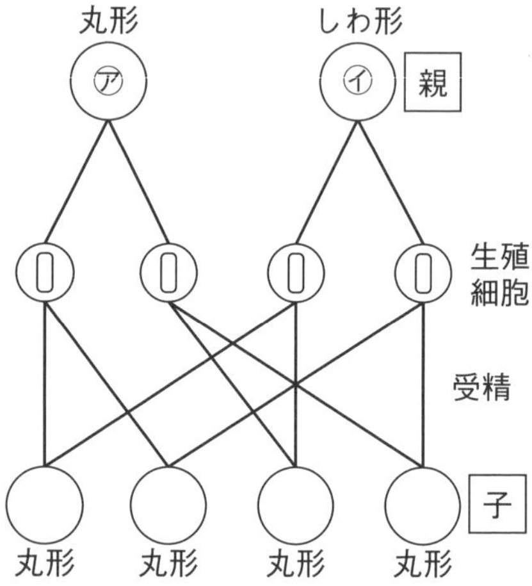

⑴　図の㋐，㋑にあてはまる遺伝子の組み合わせをそれぞれA，aを使って表しなさい。
㋐（　　　　）
㋑（　　　　）

⑵　下線部①から，顕性形質は，丸形の種子かしわ形の種子か。（　　　　）

⑶　子でできた丸形の種子をまいて育て，自家受粉させると，孫では丸形の種子としわ形の種子ができた。このとき，孫がもつ遺伝子の組み合わせとその数の比はどのようになるか。AA：aa＝１：１のように，整数比で答えなさい。
（　　　　）

⑷　⑶から，孫に現れる丸形の種子としわ形の種子の数の比は約何：何か。整数の比で答えなさい。（　　　　）

⑸　孫の代で，種子が600個できたとすると，丸形の種子は約何個できたと考えられるか。⑷の比を使って答えなさい。（　　　　）

2 遺伝子や遺伝子に関する研究について，次の問いに答えなさい。
4点×3〔12点〕

⑴　遺伝子の本体はDNAである。DNAとは何という物質をアルファベットで表したものか。
（　　　　）

⑵　次の文のうち，正しいものを**ア**～**ウ**から選びなさい。（　　）

ア　遺伝子組換えにより，青色のバラやカーネーションなど，かつて存在しなかった品種をつくり出すことができる。

イ　遺伝子やDNAの研究はさまざまな分野で行われているが，食料の分野では研究がされていない。

ウ　遺伝子組換えによって品種改良するよりも，交配をくり返した方が短い時間で有用な形質を現す品種を得られることが多い。

⑶　遺伝子は不変ではなく，染色体が複製されるとき，DNAに変化が起こることがある。このような場合，子には親や先祖に現れなかった形質が現れることがあるか。
（　　　　）

3 下の図のA〜Eは，セキツイ動物を表している。これについて，あとの問いに答えなさい。

7点×4〔28点〕

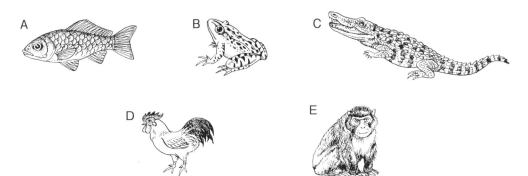

A　B　C

D　E

(1)　生物のからだの特徴が，長い年月をかけて代を重ねる間に変化することを何というか。
（　　　　　　　）

(2)　地球上に最初に出現したグループはどれか。記号をA〜Eから選び，そのグループの名称を答えなさい。　　　　　記号（　　）　名称（　　　　　）

(3)　DとEのグループに共通する特徴は何か。次のア〜ウから選びなさい。　（　　）
ア　一生えらで呼吸する。　　イ　一生肺で呼吸する。
ウ　うまれてすぐはえらで呼吸するが，成体になると肺で呼吸する。

4 下の図1は動物の骨格を比較したもので，図2はある動物の復元図である。これについて，あとの問いに答えなさい。

6点×5〔30点〕

図1　　　　　　　　　　　　　　図2

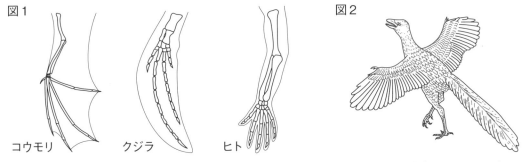

コウモリ　クジラ　ヒト

(1)　図1の各部分は，もとは同じ器官であったと考えられるか，異なる器官であったと考えられるか。
（　　　　　　　）

(2)　(1)のように考えられる器官のことを何というか。　（　　　　　　　）

(3)　図2の動物は，約1億5000万年前の地層から化石として発見された動物である。この動物を何というか。　（　　　　　　　）

(4)　(3)の動物は，ハチュウ類と何類の特徴をもっているか。　（　　　　　　　）

(5)　クジラには，後ろあしがないが，痕跡的に骨が残っている。このことからどのようなことがわかるか。次の（　）にあてはまる言葉を答えなさい。　（　　　　　　　）

　　クジラは（　　）で生活していたホニュウ類から進化した。

第1章　物体の運動

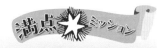

テストに出る！ ココが要点　解答 p.6

① 物体の運動の記録と速さの変化　[教] p.134～p.139

1 物体の運動の記録

図1

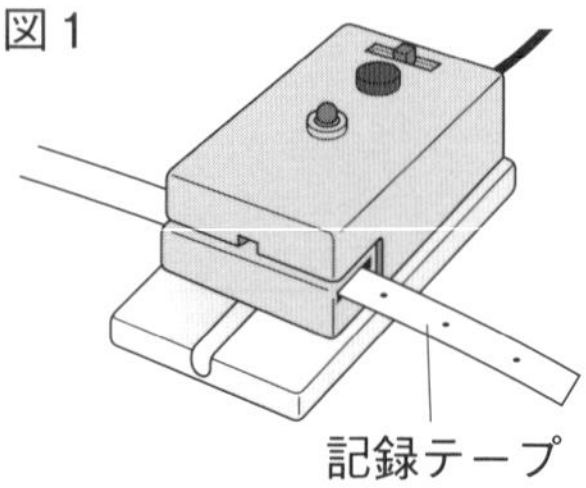
記録テープ

(1)　(①　　　　　)
一定の時間間隔(かんかく)でテープに点を打つ器具。

(2)　(②　　　　　)　移動した距離をかかった時間で割って求める。

(3)　速さ〔m/s〕＝ (③　　　　　)〔m〕 / かかった時間〔s〕

(4)　速さの単位　メートル毎秒(記号m/s)やセンチメートル毎秒(記号(④　　　　　))が使われる。

(5)　運動の速さ　テープの打点の間隔からわかる。

図2

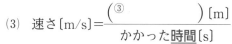

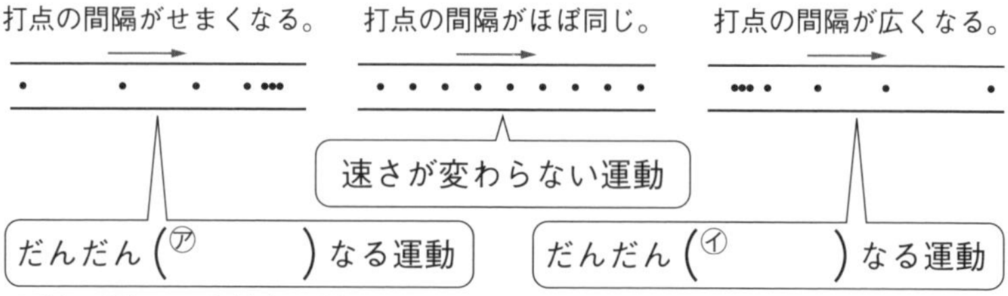
打点の間隔がせまくなる。
打点の間隔がほぼ同じ。
打点の間隔が広くなる。
速さが変わらない運動
だんだん(㋐　　　)なる運動
だんだん(㋑　　　)なる運動

2 平均(へいきん)の速(はや)さと瞬間(しゅんかん)の速(はや)さ

(1)　(⑤　　　　　)　ある距離を一定の速さで移動したと考えたときの速さ。

(2)　(⑥　　　　　)　スピードメーターが示す速さのように，刻々と変化する速さ。

3 水平な面上での台車の運動

(1)　(⑦　　　　　)　物体が一定の速さで一直線上を進む運動。

図3

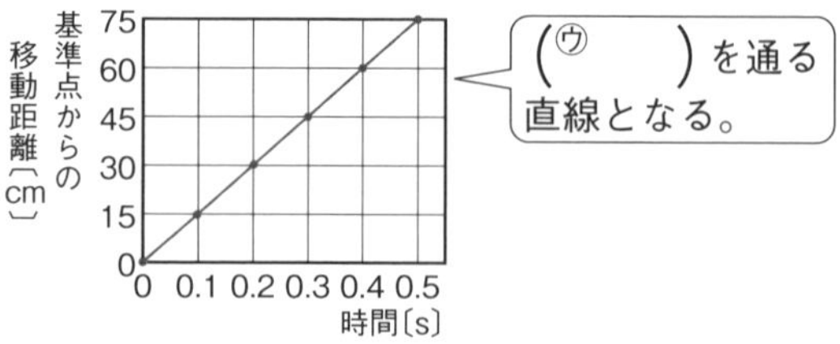
基準点からの移動距離〔cm〕
75
60
45
30
15
0
0　0.1　0.2　0.3　0.4　0.5
時間〔s〕
(㋒　　　)を通る直線となる。

満点★ミッション

①記録タイマー
一定の時間間隔で，テープに点を打つ器具。テープに記録された打点の間隔から一定時間ごとの物体の移動距離がわかる。

②速さ
単位時間あたりに物体が移動する距離。

③移動距離
移動した距離。

④cm/s
センチメートル毎秒。sはsecond(秒)を表す。

⑤平均の速さ
区間全体を一定の速さで移動したと考えた速さ。

⑥瞬間の速さ
時間の変化に応じて刻々と変化する速さ。

⑦等速直線運動(とうそくちょくせんうんどう)
物体が一定の速さで一直線上を進む運動。

ココが要点の答えになります。

② 力がはたらく物体の運動 教 p.140〜p.146

満点★ミッション

1 だんだん速くなる運動

(1) 斉面上の台車にはたらく力　斉面上の台車には斉面下向きに力がはたらいている。斉面の傾きが大きいと，その力は大きいが，傾きが同じ斉面では位置によって変わらない。

(2) 斉面を下る物体の運動　物体に一定の力がはたらき続けるので，速さが一定の割合で増加する。また，斉面の傾きが大きいほど，物体にはたらく斉面下向きの力が大きくなり，速さが増加する割合も大きくなる。

図4 台車にはたらく斉面下向きの力が（ⓔ　　　　　）なる。

角度小

0.1秒間の移動距離〔cm〕
時間〔s〕

角度大

0.1秒間の移動距離〔cm〕
時間〔s〕

ポイント

0.1秒ごとの記録テープの長さが長くなる。→速さが増加している。

2 自由落下

(1) （⑧　　　　　）　斉面の傾きを大きくしていき，傾きが90°になると，静止していた物体が垂直に落下する運動。物体にはたらく力の大きさは，（⑨　　　　　）の大きさに等しい。

(2) 自由落下と物体の速さ　物体に一定の力がはたらき続けるため，物体の速さは一定の割合で増加し続ける。

3 だんだんおそくなる運動

(1) 斉面を上る物体の運動
運動の向きと逆向きに一定の力がはたらき続けるため，物体の速さは一定の割合で減少し，最高点に達して止まる。

図5　運動の向き

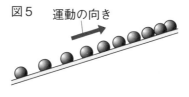

(2) 水平面上で摩擦力などがはたらく運動
物体を水平面上で前進させると，前進させる力と逆向きに摩擦力などがはたらく。前進させる力と摩擦力などの大きさが等しいとき，速さは一定になる。前進させる力が摩擦力などの力より小さいとき，だんだんおそくなる。

⑧自由落下
静止していた物体が重力によって，水平面に対して垂直に落ちる運動。

⑨重力
地球が物体を引く力。

ポイント

重力は地球上の全ての物体において，地球の中心に向かってはたらく。

テストに出る！
予想問題　第1章　物体の運動－①

⏱ 30分

/100点

1 物体の速さについて，次の問いに答えなさい。　　　　　　　　3点×8〔24点〕

(1) 75mを10秒で走る物体の速さを，以下のような式で計算した。（　）にあてはまる数を単位をつけて答えなさい。　　　①（　　　　　）　②（　　　　　）　③（　　　　　）

$$速さ[m/s] = \frac{（①）}{（②）} = （③）$$

(2) 速さの単位〔m/s〕は何と読むか。　　　　　　　　　　　（　　　　　　　　　）

(3) 水平な台の上でボールを転がしたところ，8mを移動するのに10秒かかった。このボールの速さは何m/sか。　　　　　　　　　　　　　　　（　　　　　　　　　）

(4) (3)で求めた速さは何km/hか。　　　　　　　　　　　　（　　　　　　　　　）

(5) 次の文の（　）にあてはまる言葉を答えなさい。
　　　　　　　　　　　①（　　　　　　　　　）　②（　　　　　　　　　）

　　物体がある距離を，一定の速さで動いたと考えたときの速さを（　①　）といい，自動車のスピードメーターに表示されるような速さを（　②　）という。

よく出る
2 速さについて，次の問いに答えなさい。　　　　　　　　　　4点×3〔12点〕

(1) A市からB市まで72kmの距離を自動車で走ったら1時間30分かかった。このときの平均の速さは何km/hか。　　　　　　　　　　　　　　　（　　　　　　　　　）

(2) 自動車が60km/hの速さで20分間走ったとき，何km進んだか。（　　　　　　　　　）

(3) 自転車をこいで，4m/sの速さで5分間走った。このとき，何m進むか。
　　　　　　　　　　　　　　　　　　　　　　　　　　　（　　　　　　　　　）

3 次の問いに答えなさい。　　　　　　　　　　　　　　　　4点×6〔24点〕

(1) 960mを4分で走ったときの速さをm/sで表しなさい。　　（　　　　　　　　　）

(2) シマウマが18m/sで走ったときの速さをkm/hで表しなさい。（　　　　　　　　　）

(3) ブタが18km/hで走ったときの速さをm/sで表しなさい。　（　　　　　　　　　）

(4) チーターは31m/sで走り，ライオンは79.2km/hで走った。秒速で比較すると，どちらがどれだけ速いか答えなさい。　　　　　　　　　　　（　　　　　　　　　）

(5) 新幹線が，東京－名古屋間366.0kmを1時間36分で移動した。このときの平均の速さをkm/hで表しなさい。ただし，小数第1位を四捨五入しなさい。　（　　　　　　　　　）

(6) 新幹線が，大阪－岡山間180.3kmを39分で移動した。このときの平均の速さをkm/hで表しなさい。ただし，小数第1位を四捨五入しなさい。　（　　　　　　　　　）

4 $\frac{1}{50}$秒ごとに打点する記録タイマーを使って，記録テープをつけた物体の運動を記録した。次の問いに答えなさい。

4点×5〔20点〕

図1

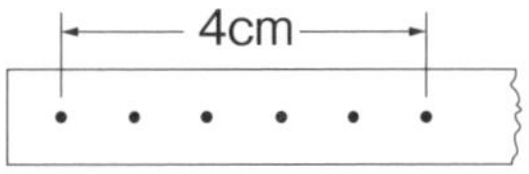

図2

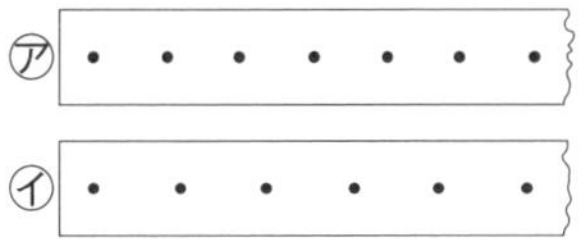

(1) 右の図1で物体が4cm移動するのにかかった時間は何秒か。 (　　　　)

(2) 図1の記録テープ4cm分移動したときの速さは何cm/sか。 (　　　　)

(3) 図2の㋐，㋑で，物体の速さが速かったのはどちらか。 (　　)

(4) 下のA，Bの記録テープのうち，次の①，②のような運動を記録したのはどちらか。ただし，記録テープの左端の点が，いちばん最初に打った点とする。

① だんだん速くなる運動(　　)　② だんだんおそくなる運動(　　)

5 下の図は，一定の速さで進むボールの運動を表したものである。あとの問いに答えなさい。

4点×5〔20点〕

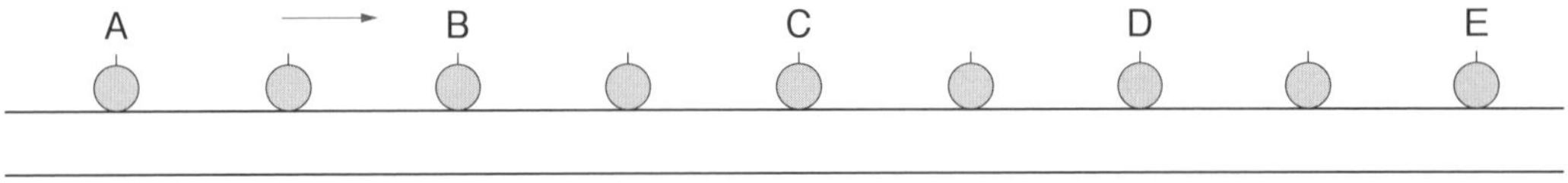

(1) 点Aから点Bへボールが移動するのに0.2秒かかり，その間の移動距離は20cmであった。このときのボールの速さは何cm/sか。 (　　　　)

(2) ボールが点Cから点Eへ移動するのに0.4秒かかり，その間の移動距離は40cmであった。このときのボールの速さは何cm/sか。 (　　　　)

(3) ボールの運動の時間と速さの関係を表すグラフを，次の㋐〜㋓から選びなさい。 (　　)

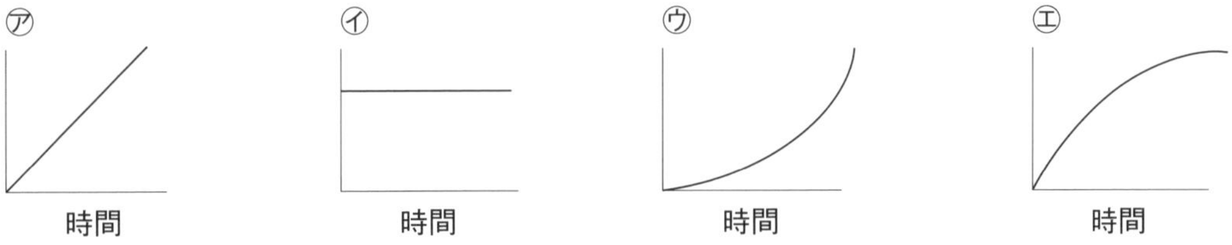

(4) ボールの運動の時間と移動距離の関係を表すグラフを，(3)の㋐〜㋓から選びなさい。 (　　)

(5) 物体が一定の速さで一直線上を進む運動を何というか。 (　　　　)

テストに出る！
予想問題　　第1章　物体の運動−②

🕐 30分

/100点

よく
出る　**1** 右の図1のように，斜面の傾きを変えて台車を走らせ，台車の運動のようすを記録タイマーで記録した。図2は，6打点ごとにテープを切って，台紙に並べてはったものである。ただし，記録タイマーは1秒間に60回点を打った。これについて，次の問いに答えなさい。

4点×11〔44点〕

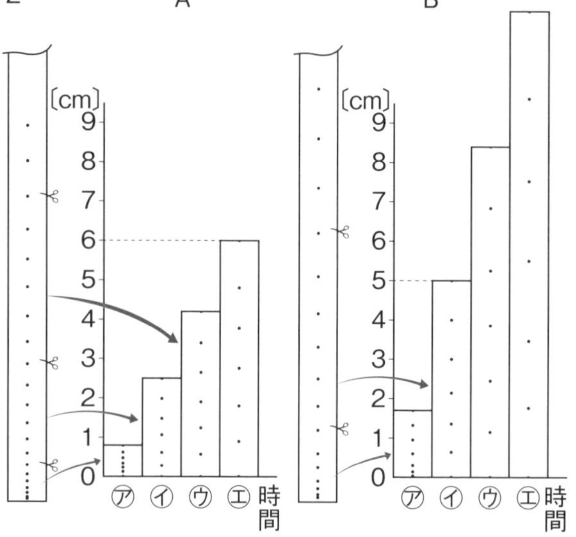

(1) 記録テープの打点の間隔は，時間とともにどうなっているか。
（　　　　　　　　　）

図1

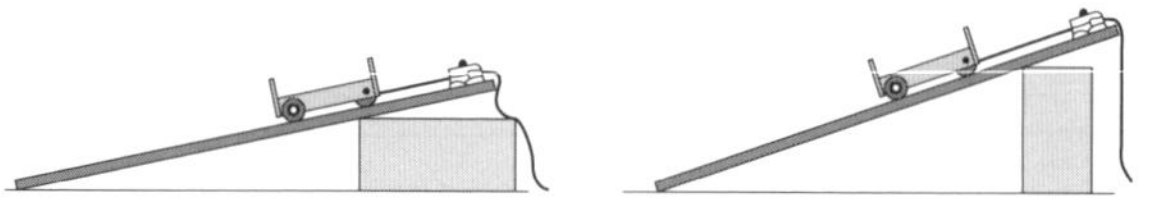

斜面の傾きが小さいとき　　斜面の傾きが大きいとき

図2　　　　　A　　　　　　　　　B

(2) 記録テープの結果から，時間とともに台車の移動距離はどうなっているといえるか。
（　　　　　　　　　）

(3) この記録テープは何秒ごとに切りとったものか。（　　　　　）

(4) 台車の速さは，時間とともにどのように変化しているか。
（　　　　　　　　　）

(5) (4)のような結果になった理由を，次のア〜ウから選びなさい。
（　　　）

ア　台車の運動をさまたげる力がはたらき続けたから。

イ　台車には力がはたらいていないから。

ウ　台車の運動する向きに力がはたらき続けたから。

(6) 図2のA，Bのうち，斜面の傾きが大きいときの結果はどちらか。（　　　）

記述 (7) 斜面の傾きの大きさと，台車にはたらく斜面方向の力の大きさとはどのような関係があるか。（　　　　　　　　　　　　　　　　）

(8) 台車の運動の向きにはたらく力の大きさが大きいほど，速さの変化の割合はどうなるか。
（　　　　　　　　　）

(9) Aの㋑の長さは6cmであった。このときの台車の平均の速さは何cm/sか。
（　　　　　　　　　）

(10) Bの㋑の長さは5cmであった。このときの台車の平均の速さは何cm/sか。
（　　　　　　　　　）

(11) 斜面の傾きを90°にして，静止していた物体をはなすと，物体は垂直に落下する。この運動を何というか。
（　　　　　　　　　）

よく
出る **2** 下の図1のように，水平面上に置いた台車をおし出した。図2は，このときの運動のよう
すを記録したテープを，5打点ごとに切って，台紙に並べてはったものである。記録タイマ
ーは，1秒間に50回点を打った。これについて，あとの問いに答えなさい。

7点×8〔56点〕

図1

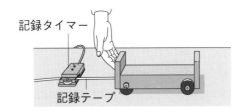

図2

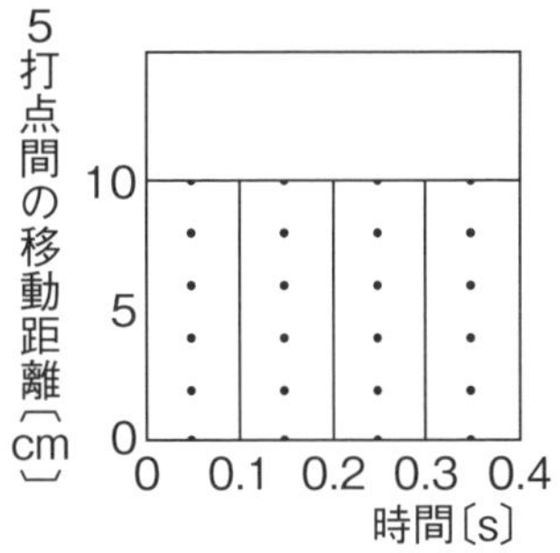

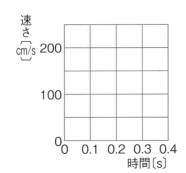

図3

図4

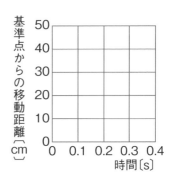

記述 (1) 図2で，記録テープの打点の間隔はどのようになっているか。簡単に答えなさい。

( )

(2) 図2から，5打点の間に台車は何cm進んでいるか。 ( )

(3) (2)から台車の速さは何cm/sか。 ( )

作図 (4) 台車の速さと時間の関係を，図3に表しなさい。

(5) 図3に表したグラフから，この台車はどのような運動をしていることがわかるか。次の
ア〜エから選びなさい。 ( )

ア だんだんおそくなる運動

イ この結果からだけではわからない。

ウ だんだん速くなる運動

エ 速さが一定の運動

(6) この実験における台車の運動を何というか。 ( )

作図 (7) 台車の移動距離と時間の関係を，図4に表しなさい。

(8) 図4に表したグラフから，台車の基準点からの移動距離と時間にはどのような関係があ
るといえるか。 ( )

第2章　力のはたらき方

満点★ミッション

①**合力**
複数の力と同じはたらきをする1つの力。

②**力の合成**
複数の力を合わせて合力を求めること。

テストに出る！ **ココが要点**　　解答 p.7

① 力の合成と分解　　教 p.148〜p.153

1 力の合成

(1) （①　　　　　）　複数の力と同じはたらきをする1つの力。
(2) （②　　　　　）　合力を求めること。
(3)　2力が一直線上にある合力

向きが同じ…合力の向きは2力と同じ。大きさは2力の<u>和</u>。
向きが逆…合力の向きは力の大きい方と同じ。大きさは2力の<u>差</u>。

図1 ●2力が一直線上にない場合の合力●

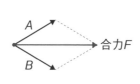

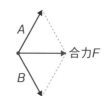

2つの力のなす角度が大きくなると，（㋐　　　　）は小さくなる。

③**分力**
1つの力を分けた複数の力。

④**力の分解**
1つの力を複数の力に分けること。

2 力の分解

(1) （③　　　　　）　1つの力を分けた複数の力。
(2) （④　　　　　）　1つの力を複数の力に分けること。

図2 ●分力の求め方●

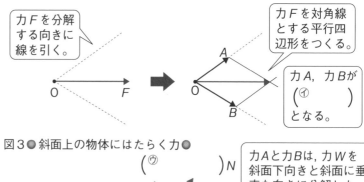

力Fを分解する向きに線を引く。

力Fを対角線とする平行四辺形をつくる。

力A，力Bが（㋑　　　　）となる。

図3 ●斜面上の物体にはたらく力●

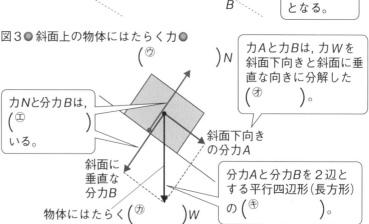

（㋒　　　　　）N

力Nと分力Bは，（㋓　　　　　）いる。

力Aと力Bは，力Wを斜面下向きと斜面に垂直な向きに分解した（㋔　　　）。

斜面下向きの分力A

斜面に垂直な分力B

分力Aと分力Bを2辺とする平行四辺形（長方形）の（㋖　　　　　）。

物体にはたらく（㋕　　　　）W

② 慣性の法則と作用・反作用の法則 [教] p.154〜p.157

1 慣性の法則

(1) (⑤　　　　　) 物体に力がはたらかない場合，または，力がはたらいていても合力が０の場合，静止している物体は静止し続け，運動している物体はそのままの速さで等速直線運動を続けること。

(2) (⑥　　　　　) 物体がもとの運動状態を保とうとする性質。

2 作用・反作用の法則

(1) (⑦　　　　　　　) １つの物体がもう１つの物体に力(作用)を加えると，必ず同時に，相手の物体から，一直線上にあり，大きさが同じで逆向きの力(反作用)を受けること。

図４　作用・反作用の２力　　つり合う２力

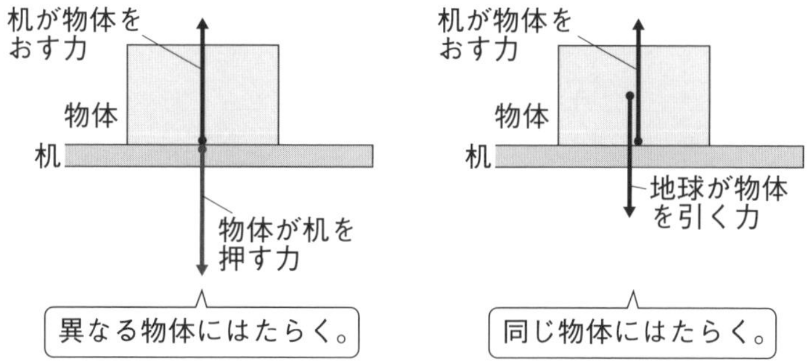
机が物体を
おす力
物体
机
物体が机を
押す力
異なる物体にはたらく。
机が物体を
おす力
物体
机
地球が物体
を引く力
同じ物体にはたらく。

③ 水中ではたらく力 [教] p.158〜p.162

1 水圧と浮力

(1) (⑧　　　　　) 水中ではたらく圧力。あらゆる方向からはたらく。水面から深くなるほど大きくなる。

(2) (⑨　　　　　) 水中にある物体にはたらく上向きの力。物体の水中にある部分の体積が大きいほど，大きい。

図５

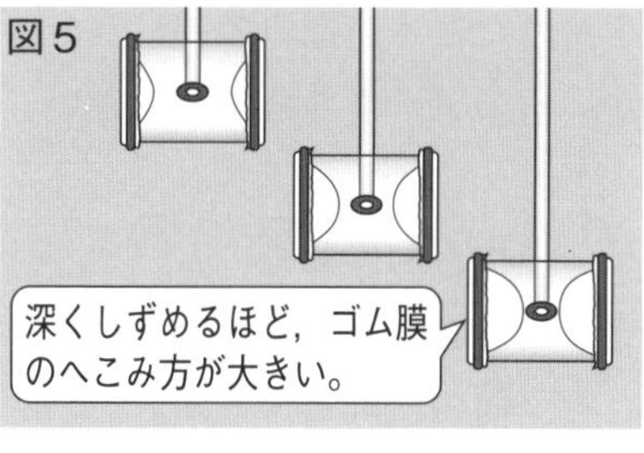
深くしずめるほど，ゴム膜
のへこみ方が大きい。

図６

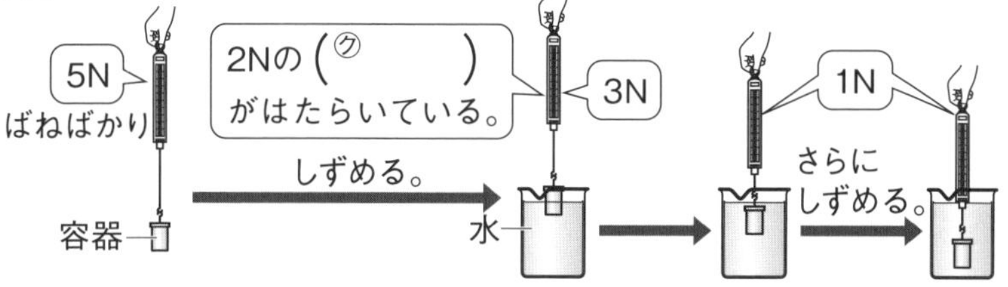
5N
ばねばかり
容器
しずめる。
2Nの(㋗　　)
がはたらいている。
3N
水
さらに
しずめる。
1N

満点★ミッション

⑤慣性の法則
ほかの物体から力がはたらかない場合，または，はたらいていても合力が０の場合，静止している物体は静止し続け，運動している物体は，そのままの速さで等速直線運動を続けること。

⑥慣性
物体がもとの運動状態を保とうとする性質。

⑦作用・反作用の法則
１つの物体がほかの物体に力を加えた場合，必ず同時に，一直線上にあり，同じ大きさで逆向きの力を受けること。

⑧水圧
水中ではたらく，水の重力によって生じる圧力。

⑨浮力
物体が水中で受ける上向きの力。物体が全て水中にしずんでいる場合，深さに関係しない。

解答 p.7

テストに出る！

予想問題　第2章　力のはたらき方

30分　/100点

作図 **1** ①〜④は，力A，力Bを合成し，力Fとして表しなさい。⑤〜⑦は，力FをA，Bのそれぞれの方向に分解しなさい。　4点×7〔28点〕

①
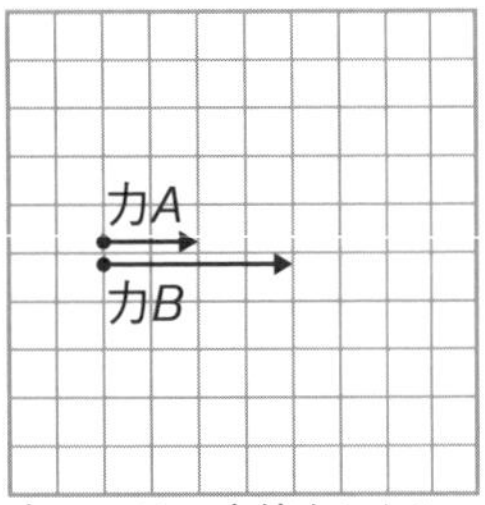

力A，Bは一直線上にある。

②
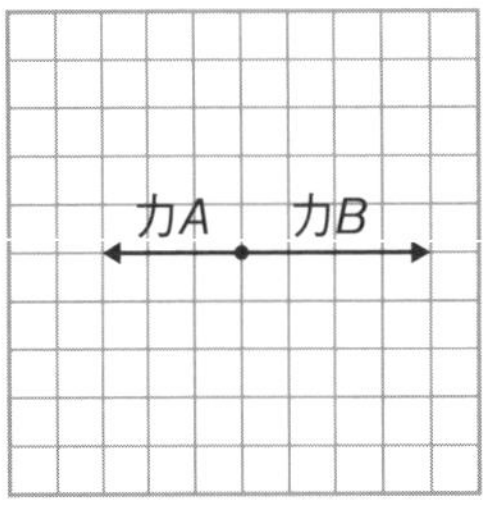

③
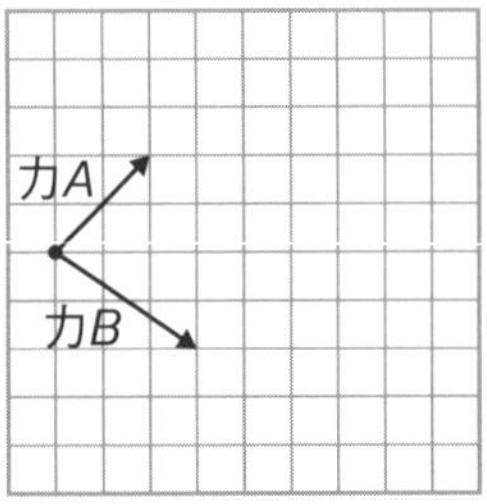

④
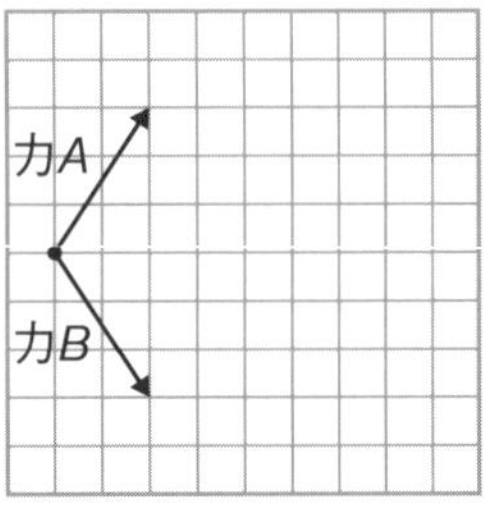

⑤
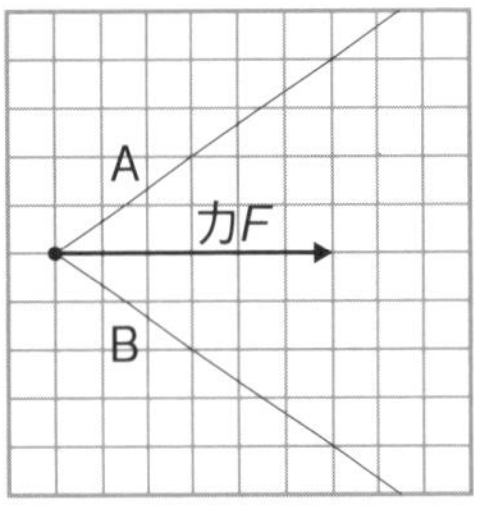

⑥
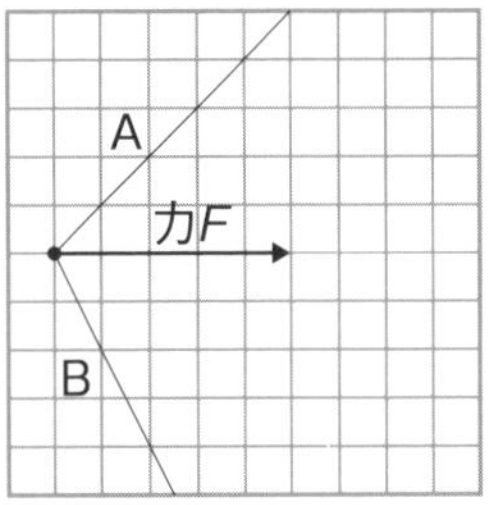

⑦
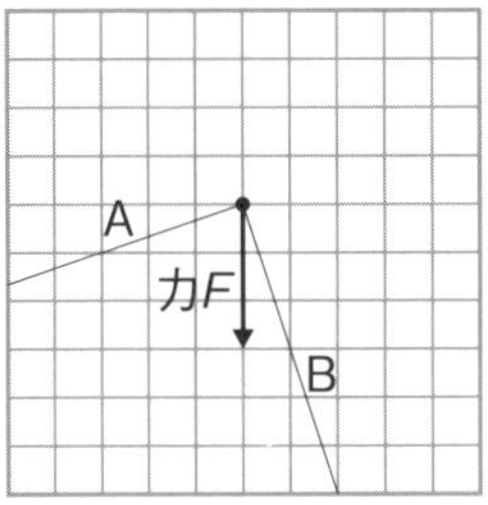

2 右の図のように，一定の速さで走っている電車が，駅の手前で急ブレーキをかけて停車した。これについて，次の問いに答えなさい。　6点×5〔30点〕

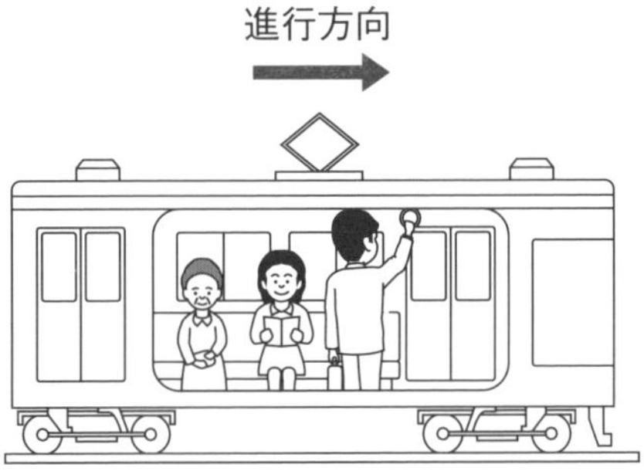

(1)　電車が急ブレーキをかけたとき，電車の中に立っていた人はどうなるか。次の**ア**〜**ウ**から選びなさい。（　　）

ア　動かない。　**イ**　進行方向に動く。

ウ　進行方向と逆向きに動く。

(2)　(1)のようになることを，何の法則というか。（　　　　）

(3)　物体が運動の状態を保とうとする性質を何というか。（　　　　）

(4)　停車した電車が，急発進した場合，乗っている人はどうなるか。(1)の**ア**〜**ウ**から選びなさい。（　　）

(5)　進行方向に向かって座っているAさんが，等速直線運動中の電車の中でボールをAさんの真上に投げた。ボールはどこに落ちるか。次の**ア**〜**ウ**から選びなさい。（　　）

ア　Aさんの後ろに落ちる。

イ　Aさんの前に落ちる。

ウ　Aさんの上に落ちる。

3 図の力の矢印㋐～㋕は，それぞれどのような力を表しているか。下から選び，記号で答えなさい。

3点×6〔18点〕

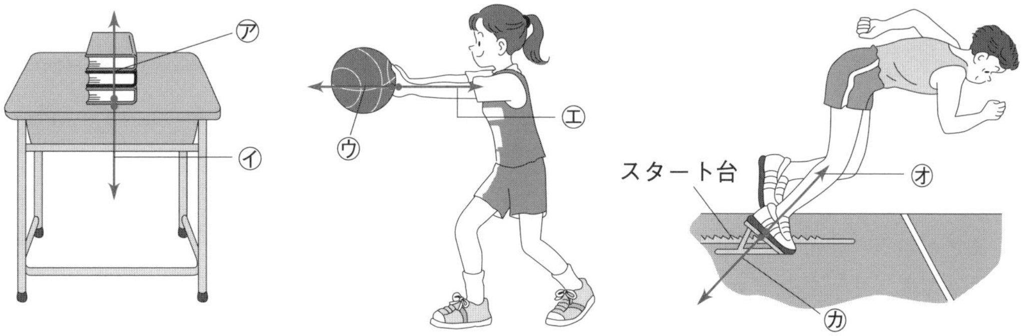

㋐（　　）㋑（　　）㋒（　　）
㋓（　　）㋔（　　）㋕（　　）

ア　あしがスタート台をける力
イ　手がボールをおす力
ウ　机が本をおし返す力
エ　摩擦力（まさつりょく）
オ　ボールにはたらく重力
カ　スタート台があしをおし返す力
キ　机が床をおす力
ク　本が机をおす力
ケ　ボールが手をおし返す力

よく出る **4** 右の図1のように，物体をばねばかりにつるしたところ，ばねばかりは1.5Nを示した。次に，物体をばねばかりにつるしたまま水中にしずめていき，図2のように，物体の上面まで水中に完全にしずめると，ばねばかりは0.9Nを示した。これについて，次の問いに答えなさい。

4点×6〔24点〕

(1)　この物体にはたらく重力の大きさは何Nか。

（　　　　　　）

(2)　図1の物体を下面から上面まで水中にしずめていくと，ばねばかりの示す値はどうなっていくか。次のア～ウから選びなさい。（　　）

ア　大きくなっていく。
イ　小さくなっていく。
ウ　変化しない。

図1

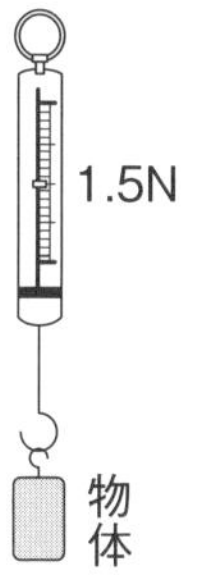

図2

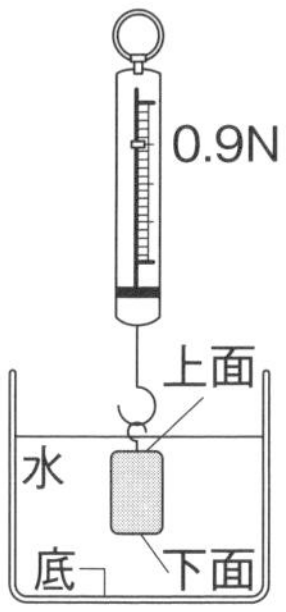

(3)　次の文の（　）にあてはまる言葉を答えなさい。

①（　　　　）②（　　　　）③（　　　　）

> 図2で，この物体には，重力のほかに（ ① ）向きの力である（ ② ）がはたらいている。この力の大きさは（ ③ ）Nである。

(4)　図2の物体を，下面が底につかないようにしてさらに水中に深くしずめると，ばねばかりの示す値はどうなるか。次のア～ウから選びなさい。（　　）

ア　大きくなっていく。　イ　小さくなっていく。　ウ　変化しない。

第3章　エネルギーと仕事

① さまざまなエネルギー
教 p.164〜p.165

1 エネルギー

(1) （①　　　　　　） 物体を動かしたり，変形させたりする能力。

② 力学的エネルギー
教 p.166〜p.169

1 力学的エネルギー

(1) （②　　　　　　） 運動している物体がもっているエネルギー。物体の**速さ**が速いほど，また，物体の**質量**が大きいほど，大きい。

(2) （③　　　　　　） 高い位置にある物体がもっているエネルギー。物体の**位置**が高いほど，また，物体の**質量**が大きいほど，大きい。

(3) （④　　　　　　） 位置エネルギーと運動エネルギーを合わせた総量。

(4) （⑤　　　　　　） 外部からのはたらきかけがなければ，物体のもつ力学的エネルギーが一定に保たれること。

図1 ●ふりこの運動●

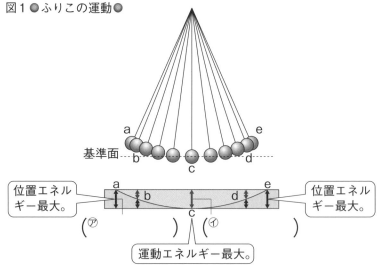

③ 仕事と力学的エネルギー
教 p.170〜p.175

1 仕事

(1) 仕事　物体に力を加えて力の向きに移動させたとき，力はその物体に対して「（⑥　　　　　　）をした」という。

満点★ミッション

①エネルギー
ほかのものを動かしたり，変形させたりすることができる物体は「エネルギーをもっている」という。

②運動エネルギー
運動している物体がもっているエネルギー。

③位置エネルギー
高い位置にある物体がもっているエネルギー。

④力学的エネルギー
位置エネルギーと運動エネルギーを合わせた総量。

⑤力学的エネルギーの保存
物体のもつ力学的エネルギーが一定に保たれること。

ポイント

ふりこの運動では，位置エネルギーと運動エネルギーが移り変わっている。

⑥仕事
物体に力を加えて移動させたときの，物体に加えた力の大きさと，力の向きに移動させた距離との積。

(2) 仕事の大きさ　物体に加えた力の大きさと力の向きに移動させた距離との積で表される。

仕事〔(⑦　　　　)〕

＝物体に加えた力〔N〕×力の向きに移動させた距離〔m〕

図2

100Nの力で
1m持ち上げる。
50Nの力で
2m持ち上げる。
100Nの力で
2m持ち上げる。

(㋒　)〔N〕×(㋓　)〔m〕＝(㋔　)〔J〕

(㋕　)〔N〕×(㋖　)〔m〕＝(㋗　)〔J〕

(㋘　)〔N〕×(㋙　)〔m〕＝(㋚　)〔J〕

(3) 仕事の大きさが0の場合　力を加えても物体が力の向きに移動しない場合や，物体に加えた力の向きと移動する向きが垂直な場合，仕事の大きさは0となる。

4 仕事の原理と仕事率

[教] p.176〜p.179

1 仕事の原理と仕事率

(1) (⑧　　　　　) 道具を使って小さな力で仕事をしても，力を加える距離が長くなり，道具を使わない場合と，同じ状態になるまでの仕事の大きさは変わらない。

(2) (⑨　　　　　) 1秒間あたりにする仕事。

仕事率〔(⑩　　　　)〕＝ $\dfrac{\text{仕事〔J〕}}{\text{時間〔s〕}}$

5 エネルギーの変換と保存

[教] p.180〜p.183

1 エネルギーの保存

(1) (⑪　　　　　　) エネルギーの変換の前後で，エネルギー全体の量が一定に保たれること。

2 熱の伝わり方

(1) (⑫　　　　　) 固体の一部を熱して，熱した部分から低温の周囲へと熱が伝わる現象。

(2) (⑬　　　　　) 気体や液体を熱して，あたためられた物質そのものが移動して，全体に熱が伝わる現象。

(3) (⑭　　　　　) 熱源から空間をへだてて，はなれたところまで熱が伝わる現象。

満点★ミッション

⑦J
仕事の単位。読み方はジュール。

⑧仕事の原理
てこや滑車などの道具を使っても，同じ状態になるまでの仕事の大きさは変わらないこと。

⑨仕事率
1秒間あたりにする仕事。

⑩W
仕事率の単位。読み方はワット。

⑪エネルギーの保存
エネルギー変換の前後で，エネルギーの総量が一定に保たれること。

⑫伝導
フライパンの中心を加熱すると，熱が周囲へじょじょに伝わるような現象。

⑬対流
あたためられた水や空気が移動し，全体があたたまるような現象。

⑭放射
太陽の光に照らされたところがあたたかくなるような現象。

テストに出る！
予想問題　　第3章　エネルギーと仕事ー①

⏱30分

/100点

1 右の図は，ジェットコースターの運動を模式的に示したものである。BC，EFは同じ高さ
にあるものとして，次の問いに答えなさい。

4点×6〔24点〕

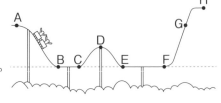

(1) 高いところにある物体がもっているエネルギーを
何というか。　　　　（　　　　　　）

(2) Aにあったジェットコースターが斜面ABを下っ
た。このとき，何というエネルギーが大きくなるか。
　　　　　　　　　（　　　　　　）

(3) (2)のエネルギーが最大になる区間を，次のア〜オ
からすべて選びなさい。　　（　　　　　　）

ア　区間AB　イ　区間BC　ウ　区間CD　エ　区間DE　オ　区間EF

(4) 区間CDのように，斜面を上るときには，何というエネルギーが大きくなるか。
　　　　　　　　　　　　　　　　　（　　　　　　　　）

(5) ジェットコースターの運動がしだいにおそくなる区間を，(3)のア〜オから選びなさい。
　　　　　　　　　　　　　　　　　　（　　　　　　）

(6) Fの先は，Aと同じ高さのGと，Aより高いHがある。このジェットコースターはどこ
まで上れるか。次のア〜ウから選びなさい。ただし，ジェットコースターはAと同じ高さ
から動き出し，摩擦力や空気抵抗などの外部からのはたらきかけはないものとする。
　　　　　　　　　　　　　　　　　　（　　　　　　）

ア　FとGの間　　イ　G　　ウ　GとHの間

2 右の図は，ふりこの運動を表している。次の問いに答えなさい。ただし，摩擦力や空気抵
抗はないものとする。

5点×5〔25点〕

(1) ふりこの運動が最も速いのはどこか。図のア〜
オから選びなさい。　　　　（　　　）

(2) 運動エネルギーが最も大きいのはどこか。図の
ア〜オから選びなさい。
　　　　　　　　　（　　　）

(3) 位置エネルギーが最も大きいのはどこか。図の
ア〜オからすべて選びなさい。
　　　　　　　　　（　　　　　　）

(4) 位置エネルギーと運動エネルギーを合わせた総
量を何というか。　　（　　　　　　）

(5) (4)のエネルギーは，時間とともに変わるか，変
わらないか。　　　（　　　　　　）

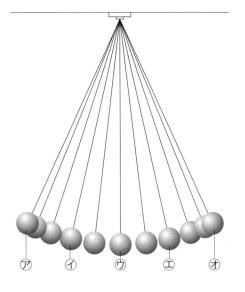

3 下の図のように，高さ30cmの斜面上のA点に質量300gの台車を置き，静かに手をはなすと，台車はB，C点を通過していった。台車には摩擦力や空気抵抗ははたらかないものとし，質量100gの物体にはたらく重力の大きさを1Nとして，あとの問いに答えなさい。

3点×17〔51点〕

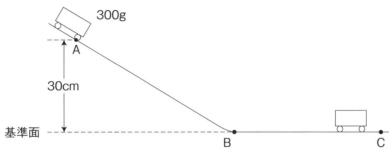

(1) B点からA点に台車を持ち上げたとき，台車にした仕事の大きさは何Jか。
（　　　　　　　　　）

(2) (1)でした仕事は全て台車の位置エネルギーに変わった。台車がC点でもつ運動エネルギーの大きさは何Jか。
（　　　　　　　　　）

(3) 台車がA点，B点，C点でもつ力学的エネルギーはそれぞれ何Jか。
A点（　　　　　　）　B点（　　　　　　）　C点（　　　　　　）

(4) 水平面BCで台車がする運動を何というか。
（　　　　　　　　　）

(5) 台車がA点でもつ位置エネルギーを大きくするためには，台車の質量をどのようにすればよいか。
（　　　　　　　　　）

(6) (5)のとき，台車がB点，C点でもつ運動エネルギーの大きさはそれぞれどのようになるか。
B点（　　　　　　）　C点（　　　　　　）

(7) 斜面ABの長さはそのままで，A点の高さを低くしたとき，台車がA点，B点，C点でもつ力学的エネルギーの大きさはそれぞれどのようになるか。
A点（　　　　　　）　B点（　　　　　　）　C点（　　　　　　）

(8) A点の高さは30cmのままで，斜面の傾きを大きくしたとき，台車がB点でもつ運動エネルギーと力学的エネルギーの大きさはそれぞれどのようになるか。
運動エネルギー（　　　　　　　　　）
力学的エネルギー（　　　　　　　　　）

(9) (8)のとき，台車がC点でもつ運動エネルギーと位置エネルギーはそれぞれ何Jか。
運動エネルギー（　　　　　　　　　）
位置エネルギー（　　　　　　　　　）

(10) 斜面ABの長さはそのままで斜面の傾きを大きくして，A点の高さを40cmにしたときと，斜面の傾きを変えずA点の高さを40cmにしたときで，台車がB点でもつ力学的エネルギーの大きさを比べると，どのようになるか。
（　　　　　　　　　）

テストに出る！

予想問題 **第3章　エネルギーと仕事－②**

⏱ 30分

/100点

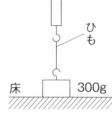

よく出る **1** 右の図のように，床の上の質量300gの物体をばねばかりで引き上げた。質量100gの物体にはたらく重力の大きさを1Nとして，次の問いに答えなさい。　　　　　　　　　　6点×5〔30点〕

(1) この物体にはたらく重力の大きさは何Nか。

（　　　　　　　）

(2) ばねばかりの目盛りが2Nのとき，床が物体をおす力の大きさは何Nか。

（　　　　　　　）

(3) 物体を床から1.5m引き上げた。手が物体にした仕事の大きさは何Jか。

（　　　　　　　）

(4) (3)のとき，1.5m引き上げるのに，1.5秒かかった。このときの仕事率は何Wか。

（　　　　　　　）

(5) 物体を床から20cmの高さに保ったまま，水平方向に50cm移動した。このとき手が物体にした仕事は何Jか。

（　　　　　　　）

よく出る **2** 下の図のように，質量300gの物体を水平な机の上に置き，静かに引いたところ，ばねばかりの目盛りが2.2Nを示し続けた。質量100gの物体にはたらく重力の大きさを1Nとして，あとの問いに答えなさい。　　　　　　　　　　5点×4〔20点〕

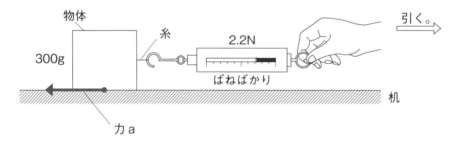

(1) 図の力aは，物体の動きをさまたげる向きにはたらいている。この力を何というか。

（　　　　　　　）

(2) 力aとつり合う力を，次のア～エから選びなさい。　　　　（　　　　）

　ア　糸が物体を引く力

　イ　手がばねばかりを引く力

　ウ　物体にはたらく重力

　エ　机が物体をおす力

(3) 物体が動いているときの力aの大きさは何Nか。　　　　（　　　　　　　）

(4) ばねばかりの目盛りが2.2Nを示したまま物体を30cm引いたときの仕事の大きさは何Jか。

（　　　　　　　）

③ 下の図１，２のようにして，質量500gの物体Aを30cmの高さまで引き上げる実験を行った。糸の質量や，摩擦力は考えないものとし，質量100gの物体にはたらく重力の大きさを１Nとして，あとの問いに答えなさい。

5点×10〔50点〕

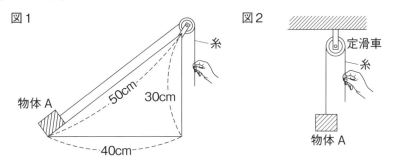

図1　図2

(1) 図１で，糸を50cmゆっくり引き下げたとき，手が物体Aにした仕事の大きさは何Jか。

（　　　　　　　）

(2) 図２で，糸を30cmゆっくり引き下げたとき，手が物体Aにした仕事の大きさは何Jか。

（　　　　　　　）

(3) 図１，２の実験のように，どんな道具を使っても，同じ状態になるまでの仕事の大きさが変わらないことを何というか。

（　　　　　　　）

(4) (2)のとき，糸を１秒間に３cmずつ引き下げた。このときの仕事率は何Wか。

（　　　　　　　）

(5) 物体Aを30cmの高さまで引き上げるのに，図１では５秒，図２では20秒かかったとき，図１の仕事率は図２の仕事率の何倍か。

（　　　　　　　）

(6) 図３のように，図２に動滑車をつけ加え，物体Aを30cmの高さまで引き上げた。動滑車の質量は考えないものとして，次の問いに答えなさい。　図3

① このとき，手は糸を何cm引き下げるか。

（　　　　　　　）

② このとき，手が糸を引く力の大きさは何Nか。

（　　　　　　　）

③ このときの仕事の大きさは何Jか。

（　　　　　　　）

(7) 図１，２，３で，手が糸を引く力が最も小さいのはどれか。

（　　　　　　　）

(8) 図１，２，３で，物体Aが30cmの高さまで引き上げられたときに増加した力学的エネルギーの大きさをそれぞれX，Y，Zとしたとき，これらの大小関係を，＝，＜，＞を使って表しなさい。

（　　　　　　　）

プロローグ　星空をながめよう
第1章　地球の運動と天体の動き

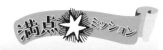

テストに出る！ **ココが要点**　解答 p.10

① 太陽
教 p.194〜p.199

1 太陽

(1) 太陽　自ら光や熱を出してかがやく恒星である。

(2) (①　　　　) 太陽の表面にある黒い斑点のような部分。周囲よりも温度が低い。黒点を観察すると，中央部で円形に見えていた黒点が周辺部でだ円形に見えることから，太陽は球体であるとわかる。また，黒点の位置の変化から太陽は(②　　　　)していることがわかる。

図1 ● 黒点のようす ●

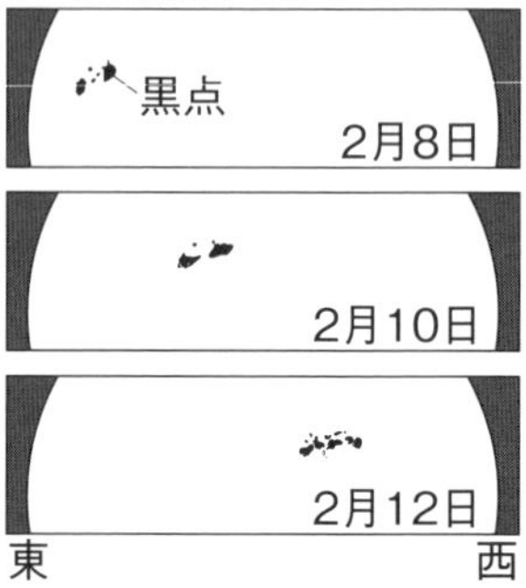

② 太陽や星の1日の動き
教 p.200〜p.211

1 天体の1日の動き

(1) 地球の自転　(③　　　　)を中心として1日に1回転している。

(2) (④　　　　) 天体が天頂より南側で子午線を通過すること。そのときの時刻を南中時刻という。

(3) (⑤　　　　) 天体が南中したときの高度。

(4) 天体の(⑥　　　　) 地球が地軸を中心として西から東へ自転しているために起こる，天体の1日の見かけの動き。

図2 ● 天体の日周運動 ●

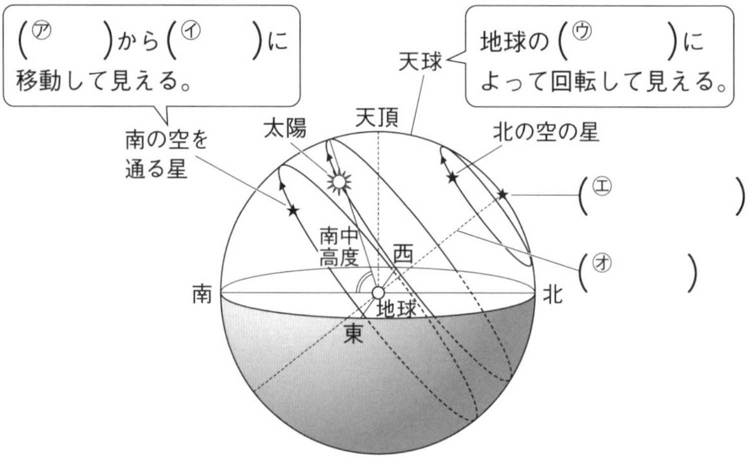

満点★ミッション

①黒点
太陽の表面にある黒い斑点のような部分。

②自転
天体が中心を通る線を軸にして，自分自身が回転すること。

③地軸
地球の北極と南極を結ぶ軸。

④南中
天体が天頂より南側で子午線を通過すること。

⑤南中高度
天体が南中するときの高度。

⑥日周運動
地球の自転によって起こる，太陽や星などの天体の見かけの動き。

ココが要点の答えになります。

③ 天体の１年の動き 教 p.212〜p.217

1 １年間の星座の動き

(1) 天体の（⑦　　　　） 地球が太陽のまわりを
（⑧　　　　）することによって生じる天体の見かけの動き。

(2) 星の<u>年周</u>運動　地球の公転によって，真夜中に見える星座は季節とともに移り変わり，<u>１</u>年たつと同じ位置に同じ星座が見えるようになる。

2 １年間の太陽の動き

(1) （⑨　　　　） 天球上の太陽の通り道。太陽は星座の間を西から東へ移動しているように見える。そして，１年後には再び同じ場所にもどる。

(2) （⑩　　　　） 黄道付近に見える12の星座。その季節に見られる星座は，太陽とは逆方向にある。

④ 地軸の傾きと季節の変化 教 p.218〜p.222

1 季節の変化

(1) 季節による太陽の日周運動のちがい　地球が地軸を傾けたまま<u>公転</u>するため，南中高度が変化する。

(2) 季節が変化する理由　日本では，夏は昼の長さが長く，太陽の<u>南中高度</u>が高いため，地表があたためられやすく，気温が高くなる。冬は，その逆で，気温が低くなる。

図3 ●太陽の通り道の変化●

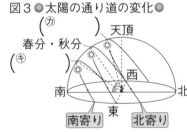

図4 ●季節の変化●

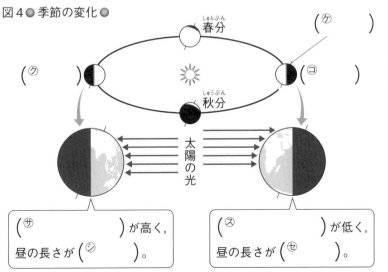

（サ　　　　）が高く，昼の長さが（シ　　　　）。

（ス　　　　）が低く，昼の長さが（セ　　　　）。

⑦<u>年周運動</u>　地球の公転によって生じる，天体の見かけの運動。

⑧<u>公転</u>　天体がほかの天体のまわりを回転すること。

⑨<u>黄道</u>　天球上の太陽の通り道。

⑩<u>黄道12星座</u>　太陽の通り道（黄道）付近に見える星座のこと。

ポイント

地球の地軸は，公転面に垂直な方向に対して23.4°傾いている。

ポイント

北緯35°の南中高度
夏至の南中高度
$=90°-(35°-23.4°)$
$=78.4°$

冬至の南中高度
$=90°-(35°+23.4°)$
$=31.6°$

テストに出る！
予想問題　プロローグ　星空をながめよう－①　第１章　地球の運動と天体の動き－①

30分　/100点

1 下の図１のような装置で，太陽の表面を毎日同じ時刻に観察した。図２は，１日目と６日目のスケッチである。これについて，あとの問いに答えなさい。　3点×4〔12点〕

図１

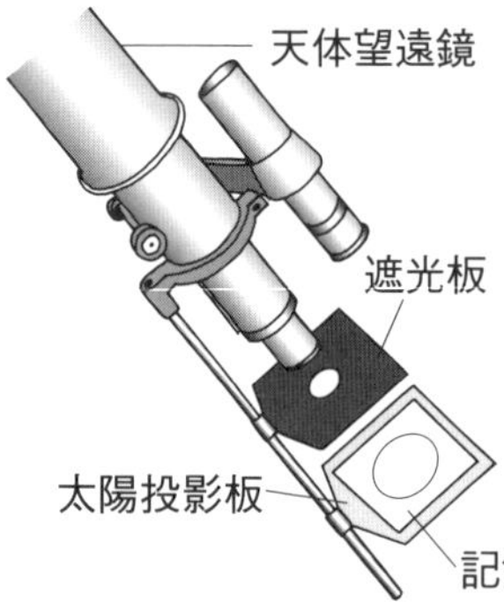
天体望遠鏡
遮光板
太陽投影板
記録用紙

図２

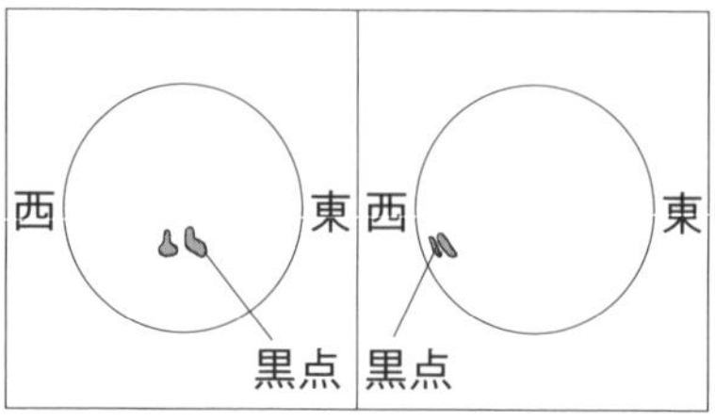
西
東
黒点
西
東
黒点
１日目
６日目

記述 (1) 太陽の表面を観察するとき，天体望遠鏡で太陽を直接見ないようにするのはなぜか。
(　　　　　　　　)

記述 (2) 図２で，１日目と６日目の黒点の位置を比べると，位置が変化していることがわかる。この理由を簡単に答えなさい。
(　　　　　　　　)

(3) 黒点の温度は，周囲より高いか，低いか。　(　　　)

(4) 図２のように，黒点が周辺部では中央部に比べてつぶれて見えることから，太陽がどのような形をしていることがわかるか。　(　　　)

よく出る **2** 右の図は，日本のある場所で，太陽の動きを透明(とうめい)半球にかきこんだものである。これについて，次の問いに答えなさい。ただし，Hは子午線上にあるものとする。　3点×8〔24点〕

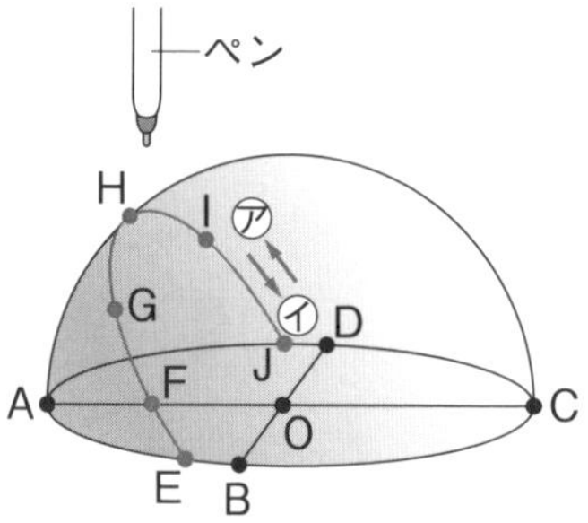
ペン
H
I
ア
イ
G
D
J
A
F
C
O
E
B

(1) A～Dの中で，南はどの点か。　(　　)

(2) A，B，C，D，Oの中で，観測者がいる場所を表しているのはどの点か。　(　　)

(3) 太陽の位置を透明半球に記録するとき，ペンの先端のかげは，図中のどの点に一致させたらよいか。記号で答えなさい。　(　　)

(4) F，G，H，Iは，一定時間ごとに調べた太陽の位置を表している。FG，GH，HIの長さはどのようになっているか。＞，＜，＝を使って表しなさい。　(　　　　)

(5) 日の入りの位置は図中のどの点になるか。記号で答えなさい。　(　　)

(6) 太陽は，図の㋐，㋑のどちらの向きに動くか。　(　　)

(7) ∠AOHの角度で表されるものを何というか。　(　　　)

(8) 図のような，太陽の１日の動きを何というか。　(　　　)

3 右の図は，日本のある地点での星の動きを表している。これについて，次の問いに答えなさい。

3点×8〔24点〕

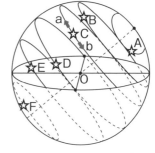

(1) Cの星は，a，bのうちどちらに動くか。　（　　）

(2) A～Fの星のうち，真東から出て真西にしずむものはどれか。　（　　）

(3) A～Fの星のうち，この地点では見ることができないものはどれか。　（　　）

(4) 次の文の（　）にあてはまる言葉を答えなさい。

①（　　　　　）②（　　　　　）③（　　　　　）
④（　　　　　）⑤（　　　　　）

> 南の空の星は，（ ① ）から出て（ ② ）の空を通り，（ ③ ）にしずむ。このような星の見かけの動きを，星の（ ④ ）という。これは，地球の（ ⑤ ）によって起こる。

4 下の図は，地球と太陽の位置関係と，AとCにおける地球のようすを拡大し，示したものである。これについて，あとの問いに答えなさい。

4点×10〔40点〕

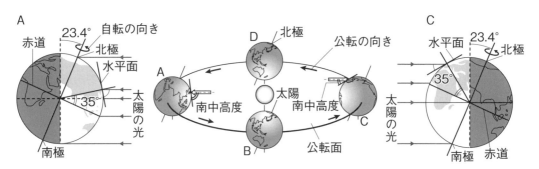

(1) A～Dは，春分，夏至，秋分，冬至のいずれかの地球の位置を表している。それぞれどれを表しているか。

A（　　　　）B（　　　　）C（　　　　）D（　　　　）

(2) 北緯35°の地点で，太陽の南中高度が最も低くなるのは，地球がA～Dのどこにあるときか。　（　　）

(3) 北緯35°の地点で，昼間の長さが最も長いのは，地球がA～Dのどこにあるときか。　（　　）

(4) 北極で，太陽を1日じゅう見ることができるのは，地球がA，Cのどちらにあるときか。　（　　）

(5) 日本付近の気温が高くなりやすいのは，地球がA，Cのどちらにあるときか。（　　）

(6) 地球の位置がA，Cのときの北緯35°の地点での南中高度を計算して求めなさい。

A（　　　　）C（　　　　）

テストに出る！
予想問題　プロローグ　星空をながめよう－②　第１章　地球の運動と天体の動き－②

30分　/100点

1 下の図のＡは，２月10日午後８時に真南に見えた星座のようすを示している。これについて，あとの問いに答えなさい。ただし，観察は全て同じ場所で行ったものとする。

5点×4〔20点〕

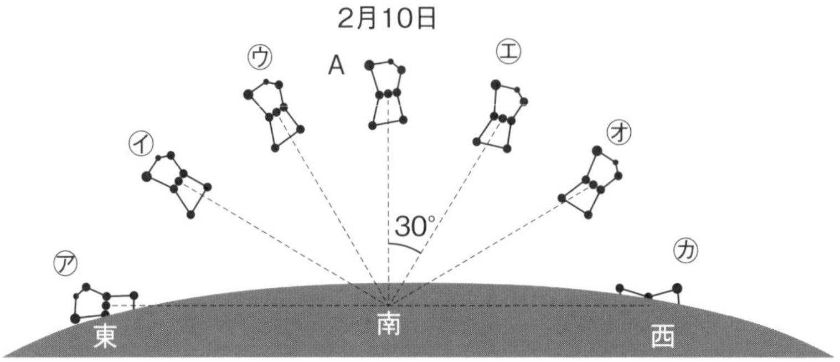

2月10日
A
㋐
㋑
㋒
㋓
㋔
㋕
30°
東
南
西

(1) 図の星座を何というか。（　　　）
(2) 同じ日の午後10時に図の星座を見ると，㋐〜㋕のどの位置に見えるか。（　　）
(3) 図の星座は，３月10日の午後８時には，㋐〜㋕のどの位置に見えるか。（　　）
(4) 図の星座は，８月10日の午後８時に見ることができるか。（　　　）

2 右の図は，１年のうちで見える星座の移り変わりを模式的に表したものである。これについて，次の問いに答えなさい。

5点×7〔35点〕

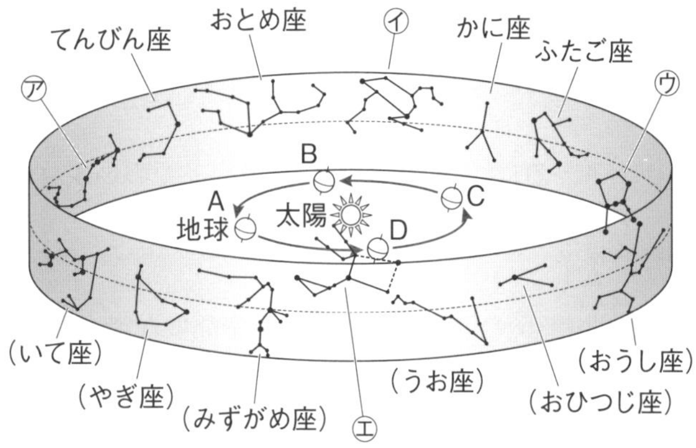

てんびん座
おとめ座
㋑
かに座
ふたご座
㋐
㋒
B
A
C
地球
太陽
D
(いて座)
(やぎ座)
(みずがめ座)
㋓
(うお座)
(おひつじ座)
(おうし座)

(1) 地球から見ると，太陽は天球上の星座の間を動いていくように見える。このような天球上の太陽の通り道を何というか。（　　　）
(2) (1)の付近にある12の星座を何というか。（　　　）
(3) 地球が図のＢにあるとき，太陽は㋐〜㋓のどの星座の方向に見えるか。（　　）
(4) 地球が図のＣにあるとき，真夜中に真南に見えるのは，㋐〜㋓のうちどの星座か。（　　）
(5) ㋐の星座を何というか。（　　　）
(6) 図のＢ，Ｄは，それぞれ，春，夏，秋，冬のうち，いつの地球の位置か。
Ｂ（　　　）　Ｄ（　　　）

よく出る **3** 下の図１は，日本のある地点Oで夏至と冬至の太陽の動きを記録したものである。また，図２は，地球が公転しているようすを表したものである。これについて，あとの問いに答えなさい。

5点×6〔30点〕

図１

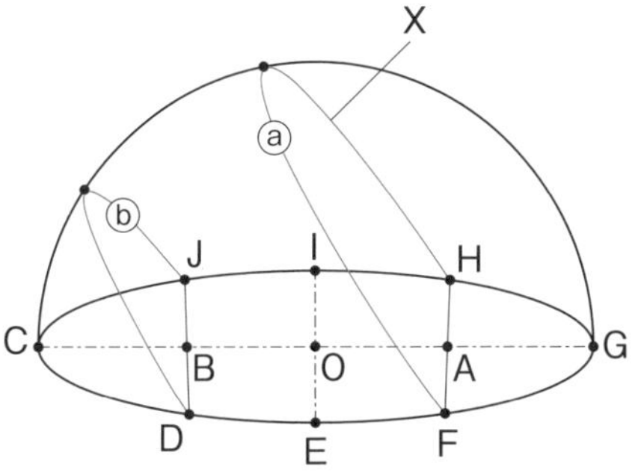

図２

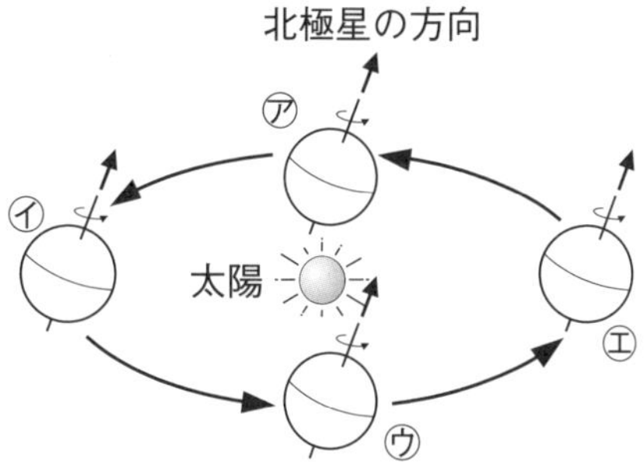

⑴ 地点Oで，春分に太陽の動きを記録すると，日の出の位置はC〜Jのどこであると考えられるか。 (　　)

作図 ⑵ 地点Oでの秋分の太陽の通り道を図１にかき入れなさい。

⑶ 図２で，春分と秋分の地球の位置は，それぞれ㋐〜㋓のどこか。

春分(　　) 秋分(　　)

⑷ 図１のXの記録は，地球が図２の㋐〜㋓のうちどの位置にあるときのものか。

(　　)

⑸ 季節が生じる理由として正しいものを，次のア〜エから選びなさい。

(　　)

ア 地球の公転面に対して，地軸が垂直ではないため。
イ 地球の公転面に対して，地軸が垂直であるため。
ウ 地球の公転する速さが変化するため。
エ 地球の自転の速さが変化するため。

4 右の図は，日本のA地点における１年間の太陽の南中高度の変化を示したものであり，㋐〜㋓の点は，春分，夏至，秋分，冬至のいずれかを表している。これについて，次の問いに答えなさい。

5点×3〔15点〕

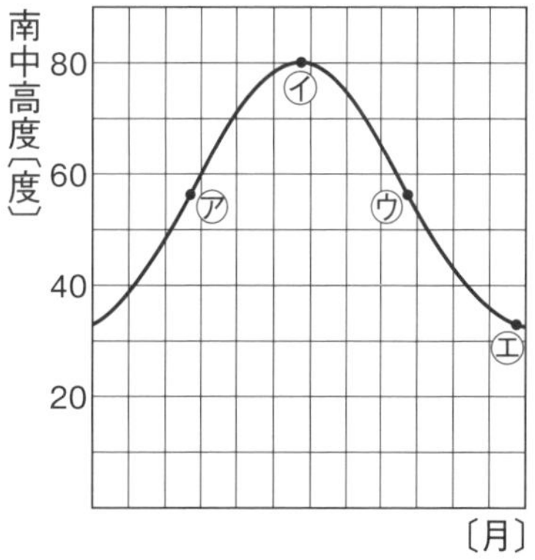

⑴ ㋐〜㋓のうち，夏至を表している点はどれか。(　　)

⑵ ㋐と㋒では，太陽の南中高度が同じになっている。㋐と㋒のとき，昼と夜の長さはどのようになるか。

(　　　　　　)

記述 ⑶ A地点における夏至と冬至の南中高度の差は約47°であることがわかった。このように，季節によって太陽の南中高度に差が生じるのはなぜか。

(　　　　　　　　　　)

第2章　月と金星の見え方

満点ミッション

テストに出る！ ココが要点　解答 p.12

①月の滑ち欠け

[教] p.224～p.227

1 月の満ち欠け

(1) (① 　　　　) 地球のまわりを公転する衛星(えいせい)。

(2) 月の見え方　月は，毎日同じ時刻に観察すると，見え方を変えながら，見える位置を西から東へ変えていく。

(3) (② 　　　　) 月，地球，太陽の位置関係により，月の見え方が変化すること。

図1

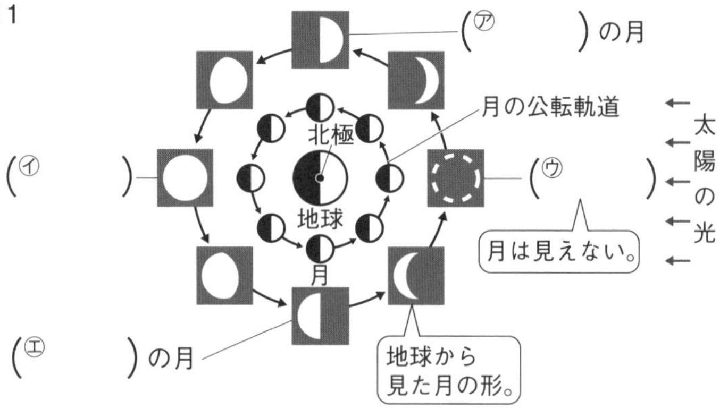
(㋐ 　　)の月
月の公転軌道
太陽の光
北極
地球
月
(㋑ 　　)
(㋒ 　　)
月は見えない。
(㋓ 　　)の月
地球から見た月の形。

②日食と月食

[教] p.228～p.229

1 日食(にっしょく)と月食(げっしょく)

(1) (③ 　　　　) 地球から見ると月が太陽に重なり，太陽がかくされる現象。

(2) (④ 　　　　) 月が地球のかげに入る現象。

図2

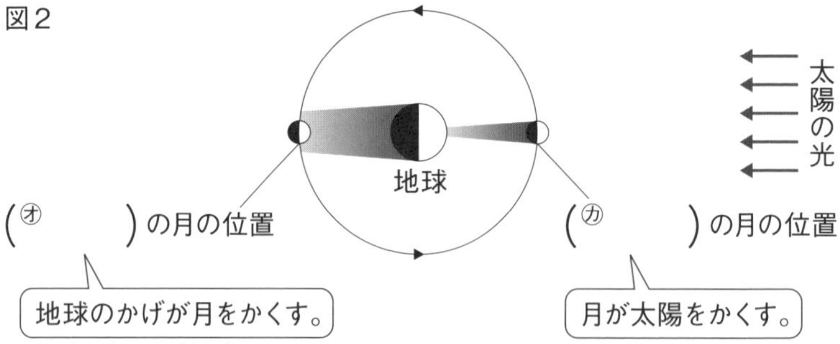
太陽の光
地球
(㋔ 　　)の月の位置
(㋕ 　　)の月の位置
地球のかげが月をかくす。
月が太陽をかくす。

(3) 皆既食(かいきしょく)と部分食(ぶぶんしょく)　天体がほかの天体に完全にかくされることを(⑤ 　　　　)，部分的にかくされることを(⑥ 　　　　)という。

---

①月
地球の衛星で，地球から最も近い距離にある天体。

②月の満ち欠け
地球からの月の見え方が変わること。

ポイント
惑星のまわりを公転する天体を衛星という。

③日食
月が太陽に重なり，太陽がかくされる現象。

④月食
月が地球のかげに入ることで起こる現象。

⑤皆既食
天体がほかの天体に完全にかくされること。

⑥部分食
天体がほかの天体に部分的にかくされること。

ココが要点の答えになります。

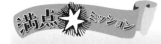

③ 金星の見え方

教 p.230～p.234

1 金星の見え方

(1) 金星の見える場所　金星は，星座の中で位置を変えて，決まった場所に見えない。金星のように，星座の中を動いて見え，恒星のまわりを公転する天体を(⑦　　　)という。

図3

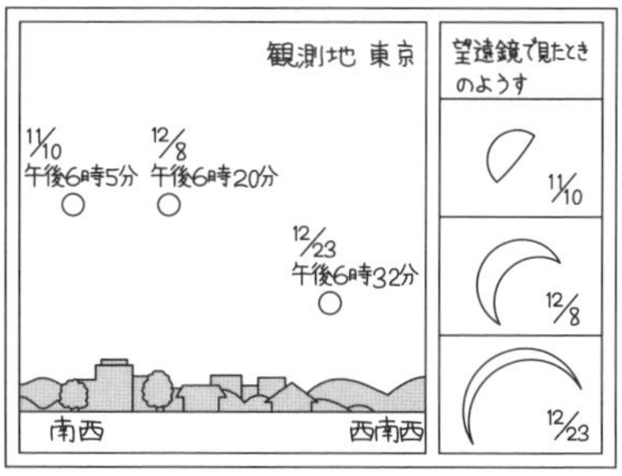

観測地 東京
望遠鏡で見たときのようす
11/10 午後6時5分
12/8 午後6時20分
12/23 午後6時32分
南西
西南西
11/10
12/8
12/23

(2) 金星の大きさ　金星と地球の**距離**が変化するため，地球から見た金星の大きさは変化する。

(3) 金星の形　金星は**太陽**の光を反射して光って見えるので，**満ち欠け**する。

(4) (⑧　　　)　明け方，**東**の空にかがやいて見える金星。

(5) (⑨　　　)　夕方，**西**の空にかがやいて見える金星。

図4 ●金星の見え方●

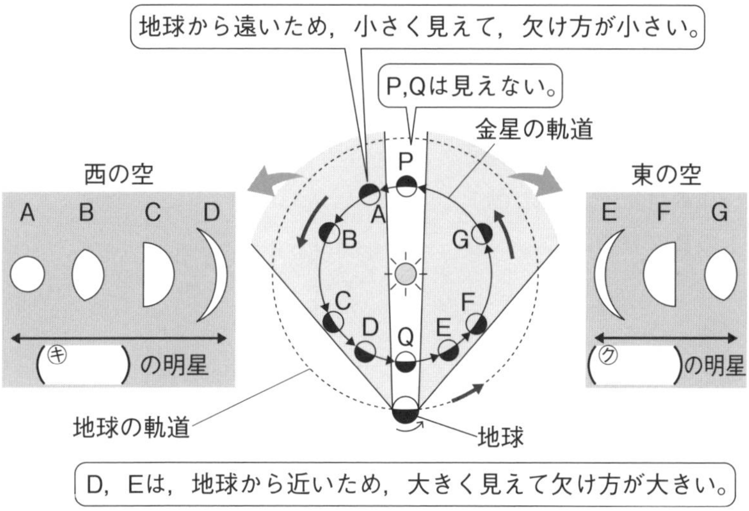

地球から遠いため，小さく見えて，欠け方が小さい。
P,Qは見えない。
金星の軌道
西の空
東の空
A B C D
E F G
P
Q
(㋖　　)の明星
(㋗　　)の明星
地球の軌道
地球
D，Eは，地球から近いため，大きく見えて欠け方が大きい。

2 惑星(わくせい)の見え方

(1) (⑩　　　)　地球よりも**内側**を公転する惑星。明け方か夕方にしか見えない(⑪　　　)，**金星**の2つ。

(2) (⑫　　　)　地球よりも**外側**を公転する惑星。その位置によって，真夜中に見えることもある。太陽に近い方から，(⑬　　　)，**木星**，(⑭　　　)，**天王星**，**海王星**の5つ。

満点★ミッション

⑦**惑星**
恒星のまわりを公転する，ある程度の大きさと質量をもった天体。

⑧**明け(あ)の明星(みょうじょう)**
明け方の東の空に，かがやいて見える金星。

⑨**よいの明星**
夕方の西の空に，かがやいて見える金星。

⑩**内惑星(ないわくせい)**
地球よりも内側を公転する惑星。

⑪**水星**
太陽の最も近くを公転する惑星。大気はきわめてうすい。

⑫**外惑星(がいわくせい)**
地球よりも外側を公転する惑星。

⑬**火星**
地球のすぐ外側を公転する惑星。土にわずかな水がふくまれている。

⑭**土星**
氷や岩石の粒(つぶ)でできた巨大な環(わ)をもつ惑星。

テストに出る！ 予想問題

第２章　月と金星の見え方

30分　/100点

よく出る **1** 右の図１は，月が地球のまわりを回るようすを模式的に示したものである。これについて，次の問いに答えなさい。　4点×13〔52点〕

図１

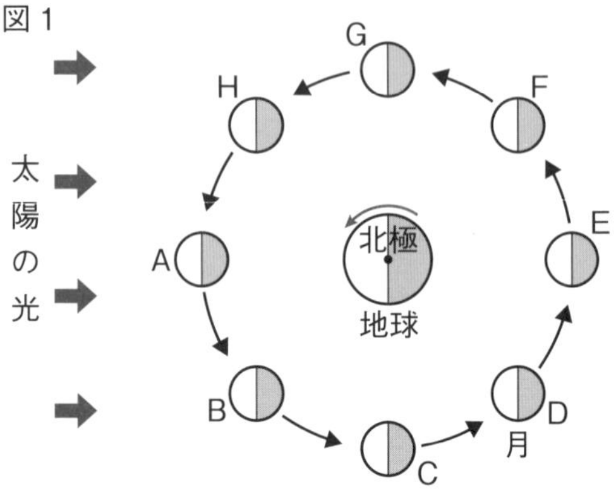

(1) 月のように，惑星のまわりを公転する天体のことを，何というか。
(　　　　)

(2) 地球から見た太陽と月はほぼ同じ大きさであるが，実際の太陽の直径は月の約400倍である。このことから，地球と太陽の距離は，地球と月の距離の約何倍であると考えられるか。　(　　　　)

(3) 次の文の(　)にあてはまる言葉を答えなさい。　①(　　　)　②(　　　)　③(　　　)　④(　　　)

> 月は，地球や太陽と同じように，形が(①)体の天体で，自ら光を出しているのではなく，(②)の光を反射してかがやいている。地球からは，月の明るい部分が見えるが，図１のAの位置に月があると，地球からは月が見えない。このときの月を(③)とよぶ。また，Eの位置にある月を(④)とよぶ。

(4) 図２は，夕方に見える月の形と位置を，日を変えて観察したようすである。㋐～㋒はそれぞれ図１のB～Hのどの位置にある月か。
㋐(　　)　㋑(　　)　㋒(　　)

図２

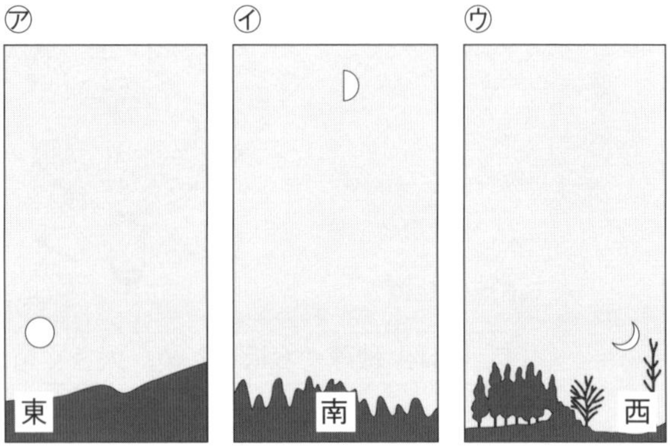

(5) 明け方に南の空に見える月は，図１のB～Hのどの位置にある月か。
(　　)

作図 (6) (5)の月の形を，右の図３にかきなさい。

図３

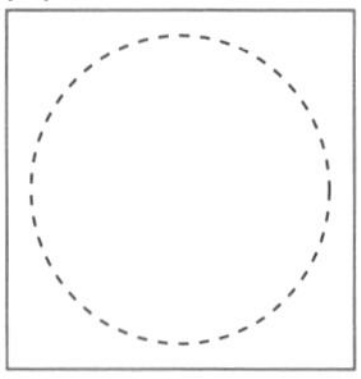

(7) 月が満ち欠けをしていることからわかることは何か。次のア～エから選びなさい。　(　　)
ア　月は球体である。　イ　月は地球より小さい。
ウ　月には大気がない。　エ　月は自ら光を出していない。

(8) 月が地球のまわりを１回公転するのにかかる時間はどれくらいか。次のア～ウから選びなさい。　(　　)
ア　約１日　イ　約１か月　ウ　約１年

2 日食や月食について，次の問いに答えなさい。 4点×3〔12点〕

(1) 日食が起こるときの月の形を，次の**ア**～**オ**から選びなさい。 (　　)

ア 満月　**イ** 新月　**ウ** 三日月　**エ** 上弦の月　**オ** 下弦の月

(2) 皆既日食が起こるのは，下の図の㋐，㋑のどちらのときか。 (　　)

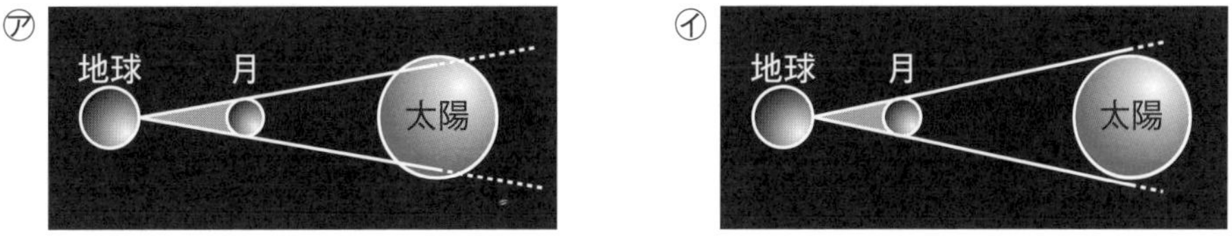

(3) 月食が起こるときの月の形を，(1)の**ア**～**オ**から選びなさい。 (　　)

よく出る **3** 下の図1は，金星の見かけの形と大きさの変化を，図2は，太陽のまわりを公転する金星の位置と太陽の光の当たり方を，地球の北極を上にして静止させた状態で示したものである。これについて，あとの問いに答えなさい。 4点×9〔36点〕

図1

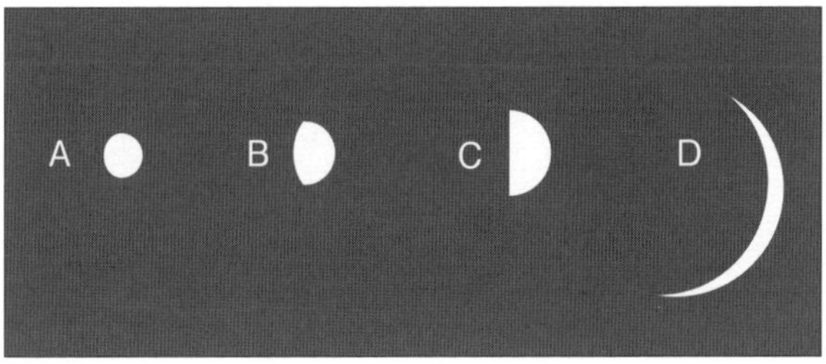

図2

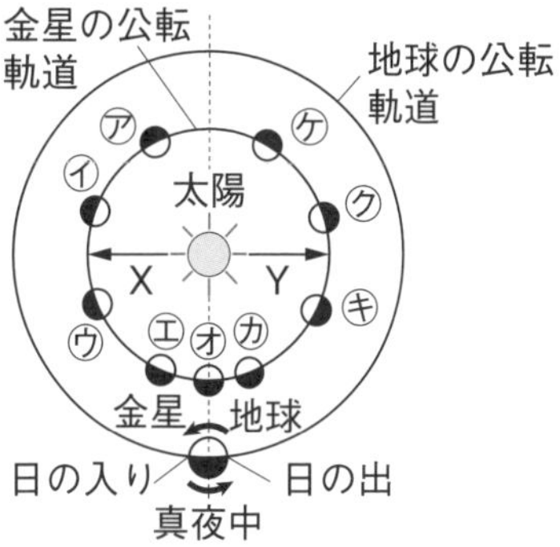

(1) 金星が見られるのは，次のうちいつごろか。適当なものを**ア**～**ウ**からすべて選びなさい。
(　　　　)

ア 夕方　**イ** 真夜中　**ウ** 明け方

(2) 明けの明星とよばれるのは，金星が図2の**X**，**Y**のどちら側にあるときか。
(　　)

(3) 図1のような金星が見られるのは，金星が図2の**X**，**Y**のどちら側にあるときか。
(　　)

(4) 図1の**A**～**D**は，それぞれ金星が図2の㋐～㋘のどこにあるときか。
A(　　) **B**(　　) **C**(　　) **D**(　　)

記述 (5) 図1の**A**～**D**は，それぞれ金星の大きさが異なる。このように，見かけの大きさが変わるのはなぜか。その理由を答えなさい。
(　　　　　　　　　　)

記述 (6) 金星は真夜中に観察することができないが，火星は真夜中に観察することができる。それはなぜか，その理由を答えなさい。
(　　　　　　　　　　)

第3章　宇宙の広がり

テストに出る！ ココが要点　解答 p.13

① 太陽系の天体　[教] p.236〜p.239

1 太陽系

(1) (① 　　　　) 太陽を中心とした，惑星などのさまざまな天体をふくむ空間。

2 惑星

(1) (② 　　　　) 恒星のまわりを回っている天体のうち，ある程度の大きさと質量をもったもの。自ら光は出さない。

(2) 太陽系の惑星　太陽から近い順に，水星，(③ 　　　　)，(④ 　　　　)，火星，木星，土星，天王星，海王星の８つ。太陽のまわりを，ほぼ同じ平面上で同じ向きに(⑤ 　　　　) している。

(3) 惑星の特徴

- (⑥ 　　　　)…小型で，密度が大きい。主に岩石からできている。水星，金星，地球，火星。
- (⑦ 　　　　)…大型で，密度が小さい。木星，土星，天王星，海王星。

図１

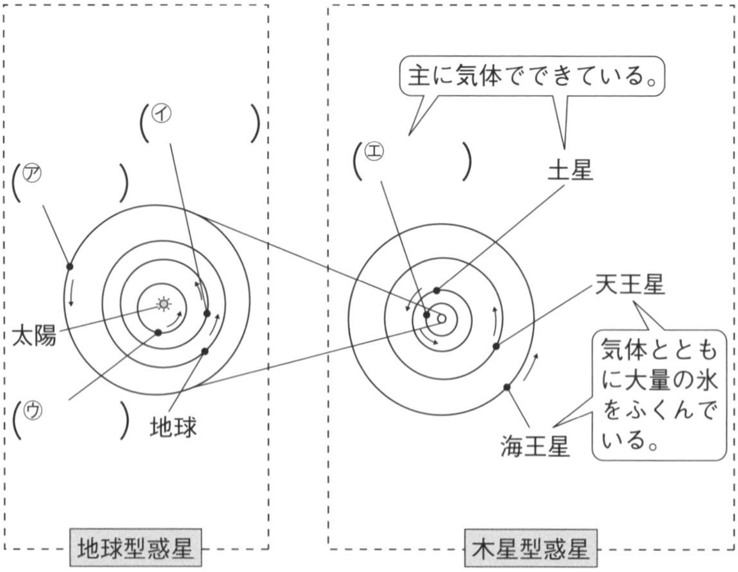

- 水星…太陽の最も近くにある惑星。大気はうすく，昼夜の温度差が大きい。

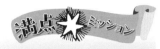

満点ミッション

①太陽系
太陽と，太陽のまわりを回っている惑星や小天体の集まり。

②惑星
恒星のまわりを回っていて，自ら光を出さず，ある程度の質量と大きさをもった天体。

③金星
地球のすぐ内側を公転する惑星。

④地球
私たちが住んでいる惑星。

⑤公転
天体が，ほかの天体のまわりを回転すること。

⑥地球型惑星
小型で密度が大きい惑星。

⑦木星型惑星
大型で密度が小さい惑星。

ココが要点の答えになります。

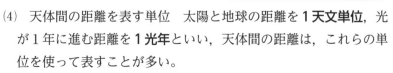

- ●金星　…自転が地球と反対向きで，地球のすぐ内側を公転する。
- ●地球　…表面に大量の水があり，現在のところ生物が唯一存在する天体である。
- ●火星　…地球のすぐ外側を公転する。土にわずかな水がふくまれている。
- ●木星　…太陽系最大の惑星。表面に**大赤斑**（だいせきはん）とよばれる巨大な渦（うず）がある。
- ●土星　…氷や岩石の粒でできた巨大な環をもつ。
- ●天王星…自転軸がほぼ横だおしで公転する。大気にメタンがふくまれており，地球からは青緑色に見える。
- ●海王星…太陽から最も遠くに位置する惑星。大気中にメタンを多くふくみ，地球からは青く見える。

3 惑星以外の天体

(1) （⑧　　　　　）　惑星のまわりを公転する天体。地球の月，木星のエウロパ，ガニメデなど。

(2) （⑨　　　　　）　主に火星と木星の軌道の間にあり，太陽のまわりを公転している小天体。

(3) すい星　太陽に近づくと長い尾を見せることがある天体。太陽系の果てからきた天体だと考えられている。

(4) （⑩　　　　　　）　めい王星など，海王星より外側を公転する小天体。

(5) その他の天体　いん石や流星（りゅうせい）のもととなる小天体など。

② 宇宙の広がり

教 p.240〜p.243

1 銀河系（ぎんがけい）

(1) （⑪　　　　　）　自ら光や熱を出してかがやく天体。

(2) （⑫　　　　　）　恒星が数億〜数千億個集まってつくる大集団。

(3) （⑬　　　　　）　太陽系が所属している銀河（ぎんが）。渦を巻いた円盤（えんばん）状（じょう）の形をしている。天の川は銀河系の無数の恒星が集まったものである。

図2 ●銀河系●

太陽系の位置

約（オ　　　　）光年

(4) 天体間の距離を表す単位　太陽と地球の距離を**1天文単位**，光が1年に進む距離を**1光年**といい，天体間の距離は，これらの単位を使って表すことが多い。

ポイント

木星には，ガニメデ，エウロパ，イオ，カリストなどの衛星がある。

⑧衛星
月は，地球の衛星である。

⑨小惑星（しょうわくせい）
主に火星と木星の軌道の間にあり，太陽のまわりを公転している小天体。

⑩太陽系外縁天体（たいようけいがいえんてんたい）
海王星より外側を公転している小天体。

⑪恒星
自ら光や熱を出してかがやく天体のこと。

⑫銀河
数億〜数千億個の恒星が集まってつくる大集団。

⑬銀河系
太陽系が所属している銀河。天の川銀河ともいう。

テストに出る！

予想問題

第3章　宇宙の広がり

⏱ 30分

/100点

1 下の図は，太陽と太陽のまわりを公転する惑星を表している。これについて，あとの問い
に答えなさい。

4点×13〔52点〕

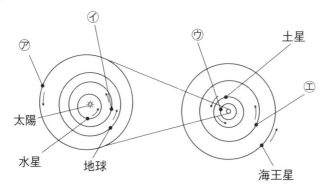

| 水星 | 金星 | 地球 | 火星 | 木星 | 土星 | 天王星 | 海王星 |

(1) 太陽を中心とした，惑星やさまざまな天体の集まりを何というか。

（　　　　　　　　）

(2) 図の㋐〜㋓の惑星の名称を答えなさい。

㋐（　　　　　　）　㋑（　　　　　　）
㋒（　　　　　　）　㋓（　　　　　　）

(3) 次の①〜⑤の文は，┈┈┈のうち，どの惑星について述べたものか。惑星の名称を答えな
さい。

① 直径が地球の11倍ある巨大な惑星。表面にある大赤斑とよばれる大きな渦が特徴。ガ
ニメデ，エウロパなどたくさんの衛星をもつ。（　　　　　　　　）

② 表面には無数のクレーターが見られ，半径の大きさは，惑星の中で最も小さい。

（　　　　　　　　）

③ 外惑星のうち太陽からの距離が最も近い。表面は赤褐色の砂や岩石におおわれていて，
液体の水があった痕跡が見つかっている。（　　　　　　　　）

④ 大きな環をもつ巨大な惑星。主に多量の気体でできていて，密度は太陽系の惑星の中
では最も小さい。タイタンなどたくさんの衛星をもつ。（　　　　　　　　）

⑤ 大気の主成分は二酸化炭素で，表面温度は約460℃。自転の向きが地球の自転の向き
と反対になっている。（　　　　　　　　）

(4) ┈┈┈のうち，木星型惑星といわれるのはどの惑星か。すべて答えなさい。

（　　　　　　　　）

(5) 地球型惑星と木星型惑星は主に密度の大きさで分けられている。密度が大きいのはどち
らか。（　　　　　　　　）

(6) 図の㋐〜㋓のうち，最も公転周期が長いのはどれか。（　　　　　　）

2 太陽系には惑星以外にも多くの小天体があり，太陽のまわりを回っている。これらの天体について，次の問いに答えなさい。 3点×4〔12点〕

(1) 海王星よりも外側を公転する天体をまとめて何というか。 (　　　　　)

(2) 小惑星とは，主に何星と何星の軌道の間を公転する天体か。次の**ア**～**ウ**から選びなさい。 (　　)

ア 金星と地球の間
イ 火星と木星の間
ウ 木星と土星の間

(3) すい星について述べた文として適当なものを，次の**ア**～**ウ**から選びなさい。 (　　)

ア 巨大な岩石でできていて，太陽に近づくと表面から青白い炎を出して燃える。
イ 地球の軌道上にあるちりで，地球に近づいたときに明るい光が見える。
ウ 氷とちりでできていて，太陽に近づくと尾を見せることがある。

(4) 小天体が地球の大気とぶつかって発光したものを何というか。 (　　　　　)

3 右の図は，太陽系をふくむ約2000億個の恒星からなる大集団を表している。これについて，次の問いに答えなさい。 3点×4〔12点〕

(1) 図のように，太陽系をふくむ恒星の大集団を何というか。 (　　　　　)

(2) ㋐の距離は約何光年か。 (　　　　　)

(3) 夏の天の川が濃く見えるのは，a～dのうち，どの方向を見たときか。 (　　)

(4) 宇宙には，(1)のような数億～数千億個の恒星の集まりがたくさん存在している。このような恒星の集まりを何というか。 (　　　　　)

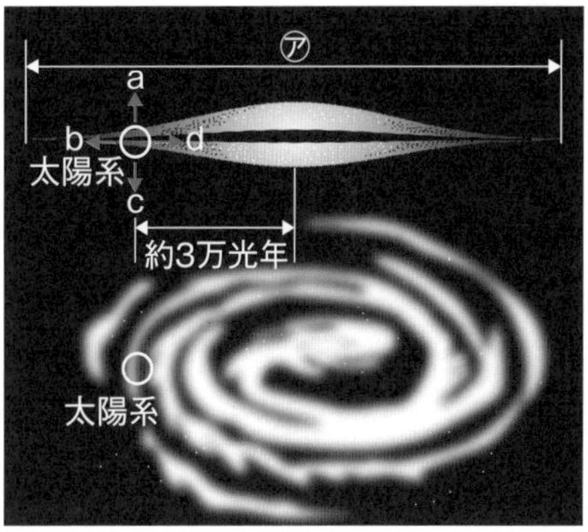

4 太陽を中心にした天体の集まりについて説明した次の①～⑥の文のうち，正しいものには○，まちがっているものには×をつけなさい。 4点×6〔24点〕

① (　　)月は衛星の１つであり，地球以外に衛星をもつ惑星はない。
② (　　)めい王星は，太陽系外縁天体のなかまである。
③ (　　)小天体が地球に落下し，いん石となることがある。
④ (　　)土星の密度は水よりも小さい。
⑤ (　　)流星は，小天体が太陽に落下するときに見られる。
⑥ (　　)木星は衛星をもたない。

第1章　自然のなかの生物
第2章　自然環境の調査と保全

テストに出る！ ココが要点 解答 p.14

① 自然のなかの生物

教 p.256～p.268

1 生態系

(1) (　①　　　　　) ある地域に生息・生育する全ての生物と、その地域の水や空気、土などの生物以外の環境をひとつのまとまりとしてとらえたもの。

(2) (　②　　　　　) 生物どうしの食べる、食べられるという鎖のようにつながった一連の関係。

(3) (　③　　　　　) 食べる、食べられるという関係が網の目のようにからみ合った関係。

(4) 生物の数量的な関係　いっぱんに、植物、草食動物、肉食動物と段階が上がるにしたがって数量が少なくなっていく。

2 生態系における生物の関係

(1) (　④　　　　　) 無機物から有機物をつくる生物。植物など。

(2) (　⑤　　　　　) 植物やほかの動物を食べることで、生産者がつくり出した有機物を消費する生物。**草食**動物や**肉食**動物など。

(3) (　⑥　　　　　) 生物の死がいや動物の排出物などの**有機物**をとり入れ、**無機物**に分解する生物。ミミズなどの**土壌**動物や菌類、細菌類などの(　⑦　　　　　) がふくまれる。

(4) (　⑧　　　　　) カビやキノコのなかま。菌糸という糸状の細胞からからだができており、多くは胞子でふえる。

(5) (　⑨　　　　　) 乳酸菌や大腸菌などのなかま。非常に小さな単細胞の生物で、分裂によってふえる。

3 炭素の循環と地球温暖化

(1) 消費者・分解者と炭素　消費者や分解者は、植物やほかの生物由来の有機物をとりこみ、**呼吸**によって、二酸化炭素と水に分解する。

(2) 生産者と炭素　呼吸によって排出された二酸化炭素は、**光合成**に使われて、再び有機物になる。

図1

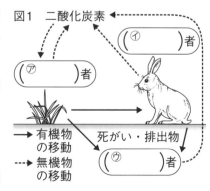

二酸化炭素

(�　イ　　) 者

(�　ア　　) 者

(�　ウ　　) 者

→ 有機物の移動
┈┈➤ 無機物の移動

死がい・排出物

---

①生態系
ある地域に生息・生育する全ての生物と、それらの生物をとり巻く環境をまとめてとらえたもの。

②食物連鎖
食べる、食べられるという鎖のようにつながった一連の関係。

③食物網
食物連鎖の関係が網の目のようにからみ合った関係。

④生産者
光合成を行う生物。

⑤消費者
ほかの生物や生物の死がいなどを食べて有機物を得る生物。

⑥分解者
生物の死がいや排出物などの有機物を分解する生物。

⑦微生物
菌類や細菌類など。

⑧菌類
カビやキノコなど。胞子でふえるものが多い。

⑨細菌類
乳酸菌や大腸菌など。分裂によってふえる。

ココが要点の答えになります。

(3) (⑩　　　　　　　) 近年，地球の気温が上昇し続けていること。化石燃料の使用が増え，<u>温室効果ガス</u>である**二酸化炭素**が大気中で増加していることが1つの要因だと考えられている。

② 自然環境の調査と保全

教 p.269〜p.278

1 身近な自然環境の調査

(1) 自然環境の (⑪　　　　　　　) 人間が積極的に自然環境にかかわり，自然環境を維持すること。

(2) 水のよごれの調査　生息する水生生物を調査し，水のよごれの程度とよごれの原因を調べる。

● きれいな水…サワガニ，ブユ，ヘビトンボなど。

● ややきれいな水…ゲンジボタル，カワニナなど。

● きたない水…ヒメタニシ，シマイシビル，ミズムシなど。

● とてもきたない水…アメリカザリガニ，セスジユスリカ，サカマキガイなど。

(3) 土壌動物による自然環境の調査　土壌中に生息する土壌動物の種類や数を調査し，土壌を採集した場所の開発状況などを知る。

(4) 植生調査　**コドラート**の中の地面が植物にどのくらいおおわれているか(**植被率**)，植物の種類ごとに，その種がどのくらいの面積をおおっているか(**被度**)を調べる。植生と環境条件の関係を明らかにする。

2 人間による活動と自然環境，自然環境の開発と保全

(1) 人間の活動の影響　人間の活動により，生物間のつり合いが変わると，生態系が変化することがある。

(2) 自然環境の変化　植林地や**里山**の管理が行き届かなくなったことや，狩猟者が減少したことにより，ニホンジカが増加した。これにより，里山の農作物や植林地の稚樹が食べられるなどの農林業被害が発生している。

(3) (⑫　　　　　　　) もともとその地域には生息せず，人間によって導入されて野生化し，子孫を残すようになった生物。生態系では，多様な生物が複雑にからみ合った関係をもっている。そのため1種の外来生物が持ちこまれただけで，全体のつり合いがくずれ，もとの状態にもどれなくなることがある。

例アライグマ，タイワンリス，ミシシッピアカミミガメ，アレチウリなど。

(4) 生物の絶滅　ある地域である種類の生物が滅びること。生物が絶滅することで，生態系のつり合いが変化することがある。

満点 ★ ミッション

⑩地球温暖化
近年の地球の平均気温が上昇傾向にあること。

⑪保全
自然環境を人間が積極的に維持すること。

ポイント
コドラート
植生などを調査するために設置するわく。

ポイント
集落とそれをとりまく自然環境をふくめた地域全体のことを里山という。

⑫外来生物
もともとその地域に生息していなかったが，人間によって導入されて定着した生物。

ポイント
外来生物に対して，もともとその地域に生息する生物を在来生物という。

テストに出る！
予想問題　第１章　自然のなかの生物　第２章　自然環境の調査と保全

30分　/100点

[1] 右の図は，ある地域の生物の関係を表したもので，矢印は，食べられる生物から食べる生物に向かってつけてある。これについて，次の問いに答えなさい。　5点×5〔25点〕

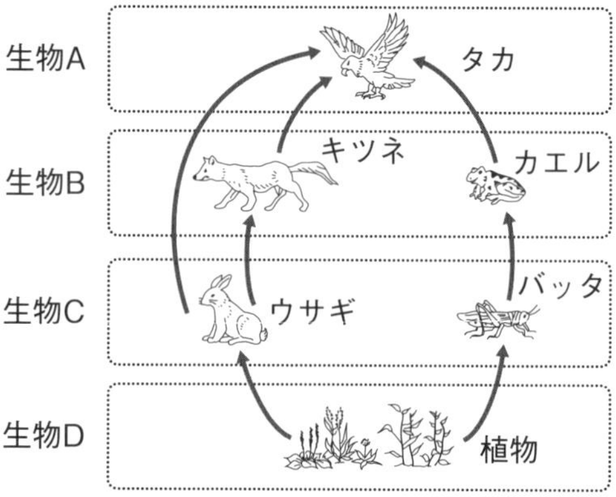
生物A
タカ
生物B
キツネ
カエル
生物C
ウサギ
バッタ
生物D
植物

⑴　図のように，食べる，食べられるという鎖のようにつながった生物どうしの一連の関係を何というか。（　　　　　）

⑵　生態系では多くの⑴がからみ合い網の目のようになっている。これを何というか。（　　　　　）

⑶　生物A～Cは，生物Dがつくった有機物を直接または間接的に消費している。このような生物を何というか。（　　　　　）

⑷　生物Dは，無機物から有機物を生産している。このような生物を何というか。（　　　　　）

⑸　生物A～Dの数量的な関係をピラミッドで表したものを次の㋐～㋓から選びなさい。（　　）

㋐
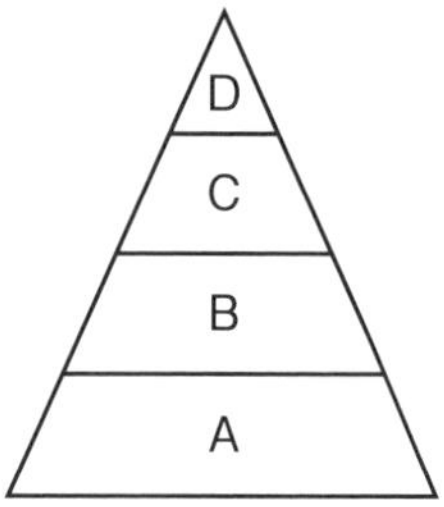
D
C
B
A

㋑
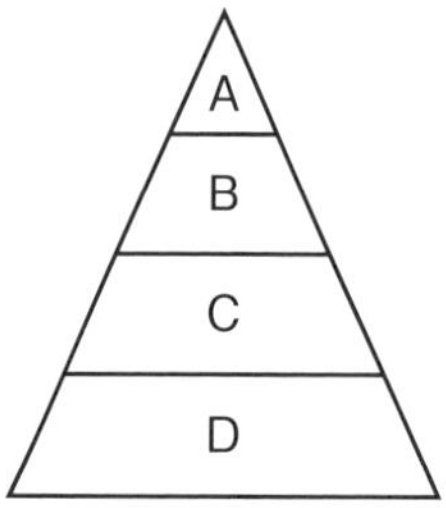
A
B
C
D

㋒
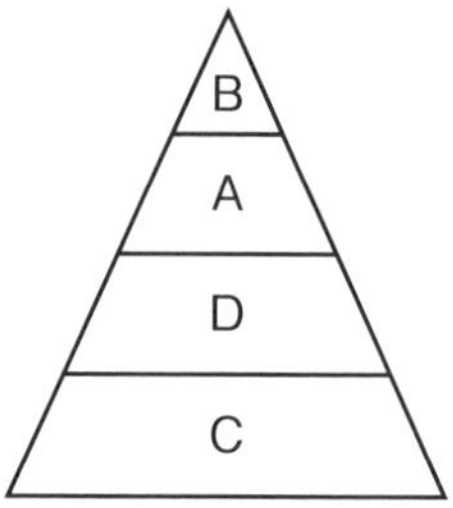
B
A
D
C

㋓
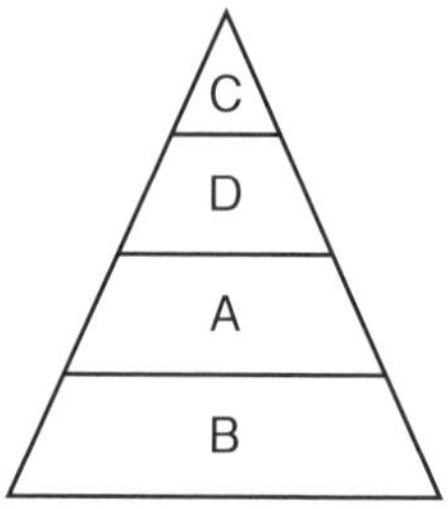
C
D
A
B

[2] 下のA～Dは，生態系において共通のなかまに分類される生物である。これについて，あとの問いに答えなさい。　5点×4〔20点〕

A　シイタケ　　B　ミミズ　　C　アオカビ　　D　乳酸菌

⑴　A～Dの生物は，どのようなはたらきをするか。次のア，イから選びなさい。（　　）
　ア　有機物を無機物に分解する。
　イ　無機物から有機物をつくり出す。

⑵　⑴のはたらきから，A～Dの生物は生態系において何といわれるか。（　　　　　）

⑶　A～Dの中で，菌類に分類されるものはどれか。すべて選びなさい。（　　　　　）

⑷　A～Dの中で，細菌類に分類されるものはどれか。（　　）

3 下の図は，自然界における炭素の循環のようすを模式的に表したものである。これについて，あとの問いに答えなさい。　　　　　　　　　　　　　　　　5点×8〔40点〕

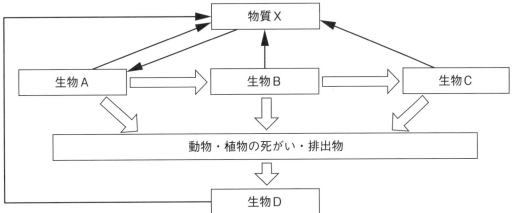

(1) 図の生物Aが，物質Xと水から有機物をつくるはたらきを何というか。
（　　　　　　）

(2) 図で，全ての生物が，有機物を物質Xと水に分解し，生きるためのエネルギーをとり出している。このはたらきを何というか。（　　　　　　）

(3) 物質Xは何か。（　　　　　　）

(4) 生物A～Dにあてはまるものを，次のア～エからそれぞれ選びなさい。
A（　　）B（　　）C（　　）D（　　）

　　ア　肉食動物　　イ　草食動物　　ウ　菌類・細菌類など　　エ　植物

(5) 大気中の物質Xの増加が要因の1つと考えられている，近年，地球の平均気温が上昇傾向にあることを何というか。（　　　　　　）

4 人間の活動と自然環境とのかかわりについて，次の問いに答えなさい。　　5点×3〔15点〕

(1) 水のよごれの程度は，そこにすむ水生生物の種類で評価することができる。とてもきたない水にすんでいる生物を次の㋐～㋒から選びなさい。（　　　）

㋐アメリカザリガニ

㋑ヘビトンボ

㋒ゲンジボタル

(2) もともとその地域に生息していなかったが人間の活動によって持ちこまれ，定着した生物を何というか。（　　　　　　）

(3) (2)である生物を，次のア～ウからすべて選びなさい。（　　　　　　）

　　ア　ニホンジカ　　イ　アライグマ　　ウ　タイワンリス

第3章　科学技術と人間
終章　　持続可能な社会をつくるために

満点★ミッション

テストに出る！ ココが要点　解答 p.15

① 科学技術と人間　教 p.280～p.300

1 さまざまな物質とその利用

(1) 天然繊維　綿や麻などの繊維。

(2) 合成繊維　ナイロンやアクリルなどの繊維。

(3) （①　　　　　　） **合成樹脂**ともよばれ，石油から得たナフサを原料にして人工的につくられている。成形や加工がしやすい，**軽い**，さびない，くさりにくい，電気を通しにくい，**衝撃に強い**，薬品による変化が少ないなどの性質がある。

種類	略語	用途	性質
ポリエチレン	PE	容器，包装材	薬品，油に強い。
ポリエチレンテレフタラート	PET	ペットボトル，飲料カップ	透明で，圧力に強い。
ポリ塩化ビニル	PVC	消しゴム，水道管	燃えにくく，水にしずむ。
ポリスチレン	PS	発泡ポリスチレン容器	断熱保温性がある。（発泡ポリスチレン）
ポリプロピレン	PP	食品容器，ペットボトルのふた	熱に比較的強い。

● プラスチックの区別…種類によって密度や加熱したときのようすにちがいがあるので，種類を見分けることができる。

● プラスチックの未来…海洋のプラスチックが海洋中の生態系に影響をおよぼしたり，燃やすと有害な気体が発生したりするなど，廃棄のときには注意が必要である。

2 エネルギー資源の利用

(1) （②　　　　　　） 電気がもっているエネルギー。送電線を使ってはなれた場所にも供給でき，ほかのエネルギーへの変換が容易である。

(2) （③　　　　　　） ダムにたまった水が流れ落ち，水車を回す発電方法。

(3) （④　　　　　　） ウラン原子の核分裂反応で発生する熱で水蒸気をつくり，タービンを回す発電方法。

---

①プラスチック
石油などからつくられた人工の物質。

ポイント
電気を通すプラスチック，微生物が分解できる生分解性プラスチックなど新しいプラスチックの開発が進められている。

②電気エネルギー
電気がもっているエネルギー。

③水力発電
高い位置にある水がもつ位置エネルギーを利用して電気エネルギーをつくる。

④原子力発電
ウランの核エネルギーを使って電気エネルギーをつくる。

- 放射線…核分裂反応が起こると放出される。放射線は微量ではあるが，自然界にも存在する。
- シーベルト…受けた放射線量の人体に対する影響を表す単位（記号Sv）。

(4) (⑤　　　　　　　) 石油，石炭，天然ガスなどの(⑥　　　　　　)を燃やして水蒸気や燃焼ガスをつくり，タービンを回す発電方法。

3 再生可能なエネルギー資源

(1) 再生可能なエネルギー資源　太陽光や風力，バイオマスなど，安定して利用できるエネルギー資源の研究や利用が進められている。

(2) (⑦　　　　　　) 太陽光を使って，太陽電池で発電する。

(3) (⑧　　　　　　) 風でブレード(羽根)を回して発電する。

(4) (⑨　　　　　　) 地下のマグマの熱でつくられた水蒸気を使って発電する。

(5) (⑩　　　　　　) 作物の残りかすや家畜のふん尿，間伐材などを燃焼させたり，微生物を使って発生させたアルコールやメタンを燃焼させたりして，タービンを回して発電する。

② 地球環境と私たちの社会　教 p.301〜p.309

1 持続可能な社会

(1) (⑪　　　　　　　　　) 環境の保全と開発のバランスがとれ，将来の世代が，継続的に環境を利用する余地を残すことができる社会。

(2) 特定外来生物　外来生物のなかでも，生態系や人の生命などに影響をおよぼす，または影響をおよぼすおそれのある生物。法律で指定されている。

(3) 省電力のための科学技術　つくり出した電気を消費しすぎないように，電化製品ではたえず新技術が導入されている。

(4) 化石燃料と製品　石油や石炭，天然ガスは化石燃料とよばれる。化石燃料は大昔の生物の死がいが変質したもので，利用できる量には限りがある。石油を利用しない発電方法の開発や生物が分解できる生分解性プラスチック，石油を原料としないプラスチックの開発が進められている。

(5) 自然環境の変化と国際的なとり組み　温室効果ガスの削減を目標として京都議定書(1997年)が，21世紀後半に温室効果ガスの実質的な排出をゼロにすることを目標としたパリ協定(2015年)が結ばれた。

満点★ミッション

⑤火力発電
石油などの化学エネルギーを使って電気エネルギーをつくる。

⑥化石燃料
石油，石炭，天然ガスなど。

⑦太陽光発電
太陽光を使って，太陽電池で発電する。

⑧風力発電
風でブレード(羽根)を回して発電する。

⑨地熱発電
地下のマグマの熱でつくられた高温・高圧の水蒸気を利用して発電する。

⑩バイオマス発電
作物の残りかすや家畜のふん尿などを燃焼させたり，微生物を使って発生させたアルコールやメタンなどを燃焼させたりして発電する。

⑪持続可能な社会
将来に対して，継続的に環境を利用する余地を残すことが可能になった社会。

テストに出る！

予想問題　第３章　科学技術と人間　終章　持続可能な社会をつくるために

30分　/100点

1 下の図は，身のまわりのプラスチック製品とそのプラスチックの性質を表している。これについて，あとの問いに答えなさい。　4点×13〔52点〕

㋐ペットボトル　㋑消しゴム　㋒包装材（ふくろ）　㋓ペットボトルのふた

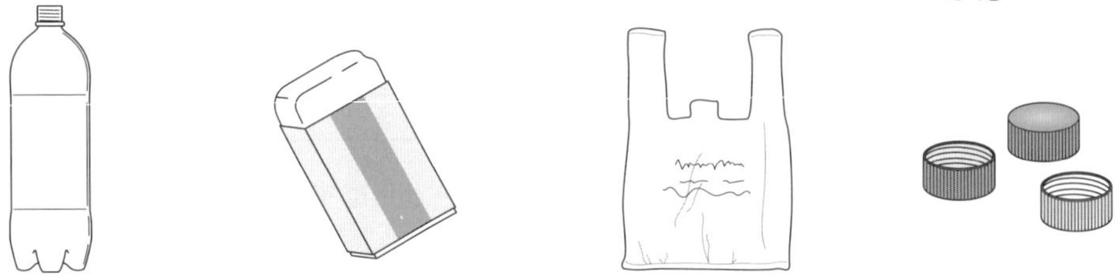

透明で圧力に強い。　燃えにくく，水にしずむ。　薬品や油に強い。　比較的，熱に強い。

(1) プラスチックは有機物か，無機物か。　(　　　　)

(2) いっぱん的なプラスチックの性質を，次の**ア**〜**エ**からすべて選びなさい。　(　　　　)

ア 磁石につく。
イ 加工しやすい。
ウ 薬品に強い。
エ 電気を通しやすい。

(3) 図の㋐〜㋓に使われている，プラスチックの種類(名称)を，〔　〕から選んで答えなさい。また，それぞれのプラスチックの略語をアルファベットで答えなさい。

㋐の種類(　　　　　　　　)　略語(　　　　)
㋑の種類(　　　　　　　　)　略語(　　　　)
㋒の種類(　　　　　　　　)　略語(　　　　)
㋓の種類(　　　　　　　　)　略語(　　　　)

〔ポリエチレン　ポリ塩化ビニル　ポリエチレンテレフタラート
ポリスチレン　ポリプロピレン〕

(4) ガスバーナーで加熱すると燃えるが，ガスバーナーからはなすと炎が消えるものを(3)の〔　〕から選んで答えなさい。　(　　　　)

(5) ㋐のプラスチック製品を水に入れると，しずむか，うくか。　(　　　　)

(6) プラスチックは，くさりにくいという性質のため，土にうめても分解されにくい。そこで，微生物でも分解できるように，開発された新しいプラスチックを何というか。　(　　　　)

2 日本で行われている発電方法について，次の問いに答えなさい。　　4点×10〔40点〕

(1) 下の図は，火力発電でのエネルギーの変換を模式的に表したものである。①～③にあてはまる言葉を答えなさい。

①（　　　　　　　）②（　　　　　　　）③（　　　　　　　）

化石燃料		水蒸気		タービン		発電機
① エネルギー	⇨	② エネルギー	⇨	③ エネルギー	⇨	電気 エネルギー

(2) 火力発電によって排出される気体について述べた次の文の（　）にあてはまる言葉を答えなさい。

①（　　　　　　　）②（　　　　　　　）

> 火力発電では，化石燃料を燃やすため，（ ① ）が発生する。この気体は，宇宙へ出ていこうとする熱を吸収し，再放出するため，（ ② ）ガスとよばれ，この気体が増加することが地球温暖化を引き起こす一因である。

(3) 水力発電は，ダムにためた水がもつ何エネルギーを利用しているか。

（　　　　　　　　　　）

(4) 使用済み核燃料の処理や安全面での管理・注意が重要である発電方法を何というか。

（　　　　　　　　　　）

(5) 落ち葉や動物の排出物，間伐材など，エネルギー資源として利用できる生物体を利用した発電方法を何というか。　　　　　　　　　（　　　　　　　　　　）

(6) 太陽電池（光電池）を使って，太陽光から電気エネルギーをつくる発電方法を何というか。

（　　　　　　　　　　）

(7) (5)の生物体や(6)の太陽光などのように，いつまでも利用できるエネルギーを何というか。

（　　　　　　　　　　）

3 自然と人とのかかわりや地球環境について，次の問いに答えなさい。　　2点×4〔8点〕

(1) 自然とのかかわりについて，適当なものを次のア，イから選びなさい。　　（　　　）

　ア　自然災害は事前に予測できるので，準備をしておけばコントロールすることができる。

　イ　自然災害は人の命をおびやかすこともあるが，生活に利用できる自然の恵みもある。

(2) 環境の保全と開発のバランスがとれ，将来の世代に対して，継続的に環境を利用する余地を残すことができる社会を何というか。　　　　　（　　　　　　　　　　）

(3) 資源の消費量を減らし，再利用を進めることで，資源の循環を可能にした社会を何というか。　　　　　　　　　　　　　　　　　　　（　　　　　　　　　　）

(4) 石油について，正しい文を次のア，イから選びなさい。　　　　　　（　　　）

　ア　石油の利用は，大きく分けると，自動車などの原動力，物をつくるための原料の2通りである。

　イ　石油は化石燃料であり，埋蔵量には限りがある。

巻末特集　教科書で学習した内容の問題を解きましょう。

① エネルギーの保存 [教] p.180〜p.182

エネルギーの変換や熱の伝わり方について，次の問いに答えなさい。

(1) 太陽光発電では，図に表した㋒のはたらきによってAのエネルギーを電気エネルギーに変換している。㋒を行う装置を何というか。
（　　　　　）

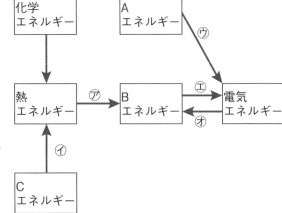

(2) Aのエネルギーは何か。
（　　　　　）

(3) 手回し発電機を回したときのエネルギーの変換は，矢印㋓で表される。Bのエネルギーは何か。
（　　　　　）

(4) 矢印㋔のようにエネルギーを変換する装置には何があるか。　（　　　　　）

(5) Cのエネルギーを，㋑，㋐，㋓の順で変換して発電する方法は，燃料や廃棄物の安全なとりあつかいに課題が残っている。Cのエネルギーの名称を答えなさい。
（　　　　　）

(6) 熱の伝わり方について，(　)にあてはまる言葉を答えなさい。
①（　　　　　）　②（　　　　　）　③（　　　　　）

> 固体の物質を熱すると，熱した部分から周囲へ熱が広がる現象を(①)，気体や液体の物質を加熱して，あたためられた物質そのものが移動して熱が伝わる現象を(②)，熱源から空間をへだてたところに熱が伝わる現象を(③)という。

② 星の1日の動き [教] p.210

星の1日の動きについて，あとの問いに答えなさい。

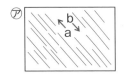

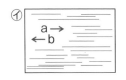

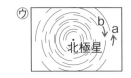

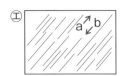

(1) 図の㋐〜㋓は，東西南北の星の動きを撮影したものである。それぞれどの方位の空を撮影したようすか。　㋐（　　　）　㋑（　　　）　㋒（　　　）　㋓（　　　）

(2) 図の㋐〜㋓で，星はa，bのうちどちらに動くか。
㋐（　　）　㋑（　　）　㋒（　　）　㋓（　　）

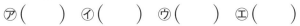

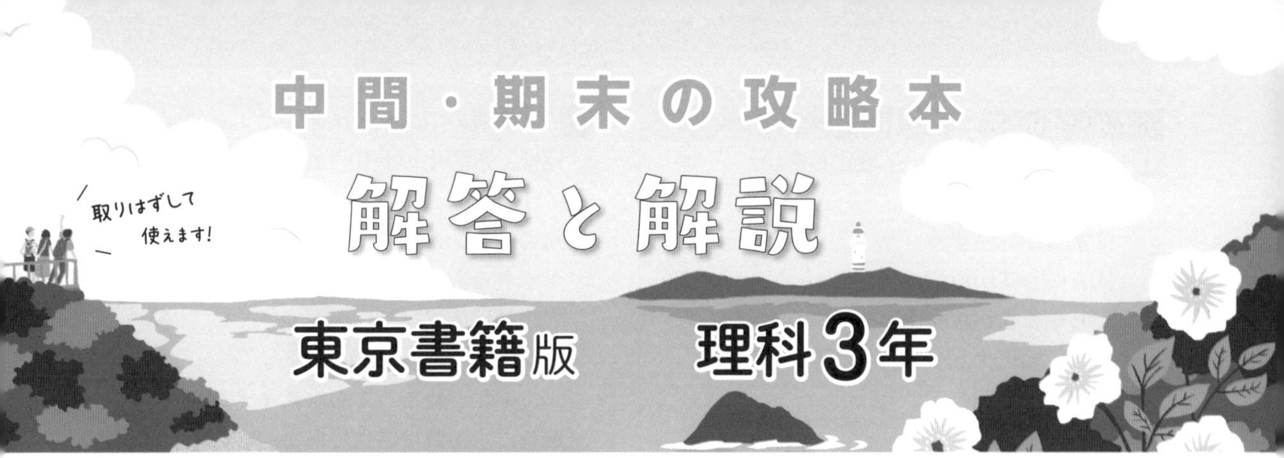

中間・期末の攻略本
解答と解説

取りはずして使えます!

東京書籍版　理科3年

単元1　化学変化とイオン

第1章　水溶液とイオン

p.2～p.3　ココが要点

①電解質　②非電解質　③塩素　④銅
㋐陰　㋑陽　㋒赤　㋓銅　㋔Cl_2
⑤水素
㋕陰　㋖陽　㋗塩素　㋘2HCl　㋙H_2
⑥原子核　⑦陽子　⑧中性子　⑨電子
㋚電子　㋛陽子　㋜中性子
⑩イオン　⑪陽イオン　⑫陰イオン　⑬電離

p.4～p.5　予想問題

[1] (1)①○　②×　(2)電解質
(3)①電離　②イオン
[2] (1)原子核　(2)陽子　(3)電子　(4)ウ
[3] (1)陽極…塩素が発生する。
陰極…銅が付着する。
(2)ア，エ　(3)赤インクの色が消える。
(4)$CuCl_2 \longrightarrow Cu^{2+} + 2Cl^-$
[4] (1)①Na^+　②Cl^-
③マグネシウムイオン　④炭酸イオン
(2)①$Na \longrightarrow Na^+ + e^-$
②$Cl + e^- \longrightarrow Cl^-$

解説

[1] (2) [ポイント] 水にとかしたとき，電流が流れる物質を電解質，電流が流れない物質を非電解質という。
(3) [ミス注意!] 電解質は，電離して水溶液中にイオンが存在するため，電流が流れる。非電解質は電離せず，水溶液中にイオンが存在しないため，電流が流れない。
[2] (1) [ポイント] 原子は，原子核と電子からできている。また，原子核は，陽子と中性子からできている。
(2)中性子は電気をもたない。
(4) [ミス注意!] 陽子1個がもつ＋の電気の量と，電子1個がもつ－の電気の量は等しいので，原子全体では電気を帯びていない。
[3] (1) [ポイント] 塩化銅水溶液に電流を流したとき，陽極からは塩素が発生し，陰極には赤色の銅が付着する。塩素が発生することは，においからも確かめることができる。
(2)塩酸の溶質は，塩化水素である。また，うすい塩酸に電流を流すと，陽極側からは塩素が発生し，陰極側からは水素が発生する。
[4] [ポイント] 陽イオンは原子が電子を失い，陰イオンは原子が電子を受けとったもの。化学式のH^+，OH^-を見ると，電子を失った数，電子を受けとった数がわかる。＋であれば，電子を1個失ったことを示し，－であれば，電子を1個受けとったことを示している。水酸化物イオンのように，いくつかの原子が集まって電気を帯びているものもある。

第2章　酸，アルカリとイオン

p.6～p.7　ココが要点

①BTB溶液　②水素　③酸　④アルカリ
⑤pH
㋐酸　㋑中　㋒アルカリ
⑥中和　⑦水
㋓中　㋔アルカリ
⑧中性　⑨塩
㋕水　㋖塩
⑩硝酸カリウム　⑪硫酸バリウム

p.8～p.9 予想問題

1 (1)㋐赤色になる。　㋑変化しない。
(2)黄色になる。
(3)水素が発生する。
(4)A…うすい塩酸
B…うすい水酸化ナトリウム水溶液
C…塩化ナトリウム水溶液

2 (1)$HCl \longrightarrow H^+ + Cl^-$
(2)H^+
(3)$NaOH \longrightarrow Na^+ + OH^-$
(4)OH^-　(5)pH　(6)酸性

3 (1)A…水酸化物イオン　B…水素イオン
C…水
(2)①酸…水素イオン（陽イオン）
アルカリ…水酸化物イオン（陰イオン）
②$H^+ + OH^- \longrightarrow H_2O$
③中和　④㋐，㋑
(3)㋒緑色　㋓青色
(4)①㋐，㋑　②㋒　③イ
(5)塩化ナトリウム

[解説]

1 (1)フェノールフタレイン溶液をアルカリ性の水溶液に加えると赤色になる。
(2) [参考] BTB溶液は，酸性では黄色，中性では緑色，アルカリ性では青色を示す。
(3) [ポイント] マグネシウムリボンを酸性の水溶液に入れると水素が発生する。
(4)Aは酸性の水溶液で，うすい塩酸。Bはアルカリ性の水溶液で，うすい水酸化ナトリウム水溶液。Cは中性の水溶液で，塩化ナトリウム水溶液。このような実験を行うとき，こい水溶液を扱うのは危険なので，うすめた水溶液を使用する。

2 (1)(2)塩化水素は，水素イオンと塩化物イオンに電離する。このように，電離して水素イオンを生じる化合物を酸という。
(3)(4)水酸化ナトリウムは，ナトリウムイオンと水酸化物イオンに電離する。このように，電離して水酸化物イオンを生じる化合物をアルカリという。
(5)(6)酸性やアルカリ性の強さは，pHで表す。pHの値が7より小さいと酸性，7より大きいとアルカリ性である。

3 (2)塩酸の中の水素イオンによって示される酸性は，水酸化ナトリウム水溶液の中の水酸化物イオンによって打ち消されていく。このとき，水素イオンと水酸化物イオンが結びついて，水ができる。このような反応を中和という。中和の化学反応式は，
$H^+ + OH^- \longrightarrow H_2O$である。
(4)①中和が起こっても水素イオンが残っている場合，水溶液は酸性である。
③中和は発熱反応であり，中和が起こると，水溶液の温度が高くなる。
(5)酸の陰イオンとアルカリの陽イオンが結びついてできる化合物を塩という。塩酸と水酸化ナトリウム水溶液の中和でできる塩は塩化ナトリウムである。

p.10～p.11 予想問題

1 (1)黄色　(2)㋐　(3)＋
(4)水素イオン　(5)酸
(6)青色　(7)㋑　(8)－
(9)水酸化物イオン　(10)アルカリ

2 (1)イ　(2)中和　(3)Na^+，Cl^-
(4)中性　(5)イ
(6)$HCl + NaOH \longrightarrow NaCl + H_2O$

3 (1)B…青色　D…黄色　(2)硫酸バリウム
(3)塩　(4)ア

[解説]

1 (1)うすい塩酸は酸性なので，BTB溶液の色を黄色に変える。
(2)(3)黄色に変色したところが，陰極側に移動することから，うすい塩酸にふくまれる陽イオンが移動していると考えられる。
(6)水酸化ナトリウム水溶液はアルカリ性なので，BTB溶液の色を青色に変える。
(7)(8)青色に変色したところが，陽極側に移動することから，水酸化ナトリウム水溶液にふくまれる陰イオンが移動していると考えられる。

2 (1)(2) [ミス注意!] うすい水酸化ナトリウム水溶液にうすい塩酸を加えていくと，中和が起こって，アルカリ性から中性になる。中性になると，水酸化物イオンは残っていないので，塩酸をさらに加えても中和は起こらず，水溶液は酸性になる。

(3) **ポイント** Na^+とCl^-は水溶液の中でイオンの状態で存在する。

(5)水溶液が酸性のとき，つまりBTB溶液が黄色のときにだけ，マグネシウムリボンを加えると，気体（水素）が発生する。

3 (1)硫酸 8 cm³ を加えたときに中性になるので，Bでは，まだアルカリ性で，Dでは酸性になる。

(2) **ポイント** 硫酸バリウムは水にとけないので沈殿する。

(4)試験管Cは中性なのでH^+もOH^-も水溶液中に存在しない。また，硫酸イオンとバリウムイオンも水溶液中で過不足なく結びついて硫酸バリウムになって沈殿しているので，試験管Cの水溶液中にイオンは存在しない。

第3章　化学変化と電池

p.12～p.13 ココが要点

①電池　②化学エネルギー　③亜鉛イオン
④水素イオン　⑤水素分子
㋐電子　㋑水素イオン
⑥銅イオン
㋒電子　㋓亜鉛イオン　㋔銅イオン
⑦一次電池　⑧二次電池　⑨燃料電池
㋕水酸化ナトリウム　㋖水

p.14～p.15 予想問題

1 (1)できない。　　(2)できない。
　(3)イ　　(4)a
2 (1)硫酸マグネシウム水溶液…エ
　　　　硫酸亜鉛水溶液…エ
　(2)硫酸マグネシウム水溶液…エ
　　　　硫酸銅水溶液…ア
　(3)①電子　②マグネシウムイオン
　　　③亜鉛イオン　④銅イオン
　　　　（③，④は順不同）
　(4)マグネシウム
3 (1)イ　　(2)銅板
　(3)$Cu^{2+} + 2e^- \longrightarrow Cu$
4 (1)㋐水素　㋑酸素
　(2)鳴る。　　(3)水の電気分解
　(4)燃料電池

5 ①ア　②ウ　③イ

解説

1 (2)砂糖は非電解質である。非電解質の水溶液を使っても，電流は流れない。

(3)亜鉛原子は電極に電子を残し，亜鉛イオンとなって塩酸の中にとけ出す。亜鉛イオンが残した電子は，導線を通って銅板に移動し，水溶液中の水素イオンに受けとられる。

(4)電子は亜鉛板→豆電球→銅板と移動する。電流はその逆の向きに流れる。

2 (1)銅は，亜鉛やマグネシウムよりもイオンになりにくいので反応しない。

(2)亜鉛はマグネシウムよりもイオンになりにくいので，亜鉛片を硫酸マグネシウム水溶液に入れても反応しない。一方，銅よりはイオンになりやすいため，硫酸銅水溶液に入れると，反応し，亜鉛片に銅が付着する。

3 ダニエル電池では，亜鉛原子が電子を失って亜鉛イオンとなり，硫酸亜鉛水溶液中にとけ出す。亜鉛原子が放出した電子は，導線を通って銅板へ移動し，硫酸銅水溶液中の銅イオンに受けとられる。電子を受けとった銅イオンは，銅となり銅板に付着する。

4 (1)水を電気分解すると，陰極では水素，陽極では酸素が発生する。

(3)水の電気分解では，

$2H_2O$ ＋ 電気エネルギー $\longrightarrow 2H_2 + O_2$

という反応が起こっている。

(4)燃料電池では，有機物の燃焼が行われないので，二酸化炭素が発生しない。そのため環境への悪影響が少ない電池だと考えられている。

5 リチウムイオン電池や鉛蓄電池は，充電することによってくり返し使うことができる二次電池である。一方，マンガン乾電池は，使うと電圧が低下し，電圧がもとにもどらない一次電池である。

単元2　生命の連続性

第1章　生物の成長と生殖

p.16～p.17　ココが要点

①細胞分裂　②染色体　③遺伝子
④体細胞分裂　⑤複製
㋐複製　㋑染色体　㋒核　㋓細胞質
⑥生殖　⑦無性生殖　⑧栄養生殖　⑨有性生殖
⑩生殖細胞　⑪受精卵　⑫胚　⑬発生
㋔花粉管　㋕胚　㋖種子　㋗卵　㋘精巣
⑭減数分裂

p.18～p.19　予想問題

[1] (1)形質　(2)遺伝子
(3)①(うすい)塩酸　②染色体
③決まっている。　④細胞分裂
⑤a→e→c→b→d→f

[2] (1)ア，エ　(2)無性生殖　(3)減数分裂
(4)有性生殖

[3] (1)㋐卵巣　㋑精巣　㋒卵　㋓精子
(2)受精　(3)受精卵　(4)同じ。
(5)体細胞分裂　(6)胚
(7)おたまじゃくし
(8)発生　(9)4096個

[4] (1)受粉　(2)㋐子房　㋑胚珠　㋒卵細胞
(3)①花粉管　②精細胞　(4)受精卵
(5)胚

解説

[1] (1)(2)形質を決めるものを遺伝子といい，これは染色体にある。
(3)③ [参考] 染色体の本数は，生物の種類によって決まっており，ヒトの場合は46本である。ちなみに，チンパンジーは48本，ニワトリは78本，ネコは38本，ソラマメは12本，タマネギは16本，エンドウは14本である。

[2] (1)(2)ゾウリムシやミカヅキモは，アメーバのように体細胞分裂によってふえる。このような生殖を無性生殖という。
(3)減数分裂によってつくられた卵や精子などの生殖細胞は，染色体の数が減数分裂前の細胞の半分だが，受精によってできた受精卵の染色体の数は，減数分裂前の細胞と同じになる。

[3] (1)精巣で精子をつくり，卵巣で卵をつくる。
(4)染色体の数が半分になった生殖細胞が結合するので，減数分裂前の細胞と同じになる。
(9)最初の分裂の後，11回の分裂が起こる。
$2\times2\times2\times2\times2\times2\times2\times2\times2\times2\times2\times2$
$=2^{12}=4096$個

[4] (1) [ミス注意!] 受粉と受精は異なるので注意する。受粉しただけではなく，精細胞の核と卵細胞の核が合体して，受精が行われないと種子はできない。
(2)(5)めしべの根もとが子房，その中に胚珠があり，さらにその中に卵細胞がある。この卵細胞の核が花粉管の中を運ばれてきた精細胞の核と合体する（受精）と，やがて子房は果実に，胚珠は種子に，受精卵は胚になる。

第2章　遺伝の規則性と遺伝子
第3章　生物の多様性と進化

p.20～p.21　ココが要点

①遺伝　②純系　③対立形質　④分離の法則
㋐遺伝子　㋑減数
⑤顕性形質　⑥潜性形質
㋒精細胞　㋓丸形
⑦DNA　⑧デオキシリボ核酸　⑨品種改良
⑩進化　⑪始祖鳥　⑫相同器官

p.22～p.23　予想問題

[1] (1)遺伝　(2)純系　(3)対立形質
(4)DNA

[2] (1)減数分裂　(2)分離の法則　(3)受精
(4)Aa　(5)(全て)丸形
(6)潜性形質(劣性形質)
(7)AA：Aa：aa＝1：2：1
(8)3：1

[3] (1)対立形質
(2)顕性形質(優性形質)
(3)子葉の色…黄色　さやの色…緑色
(4)3：1

[4] (1)①㋒　②㋔　③㋘
(2)オ　(3)ウ

解説

[1] (1)形質は遺伝子により伝えられる。
(2)(3)ゴールデンハムスターの毛色で，茶の毛色

の遺伝子をA，黒の毛色の遺伝子をaとしたとき，AAとAAや，aaとaaなどのような同じ組み合わせの遺伝子をもつ個体どうしでは，何世代も代を重ねても同じ形質をもつ個体ができる。これを純系という。また，茶か黒かどちらか一方の形質しか現れない場合，これらの形質を対立形質という。

(4)遺伝子の本体はDNA（デオキシリボ核酸）という物質である。

[2] (4)(5) ミス注意！ 子の遺伝子の組み合わせは，Aaだけである。このとき子に現れる形質は，顕性形質のみであるので，丸形のみが現れる。

(7)(8) ポイント 孫の代には，AA，Aa，aaの３つの遺伝子の組み合わせが見られる。このうち，AA，Aaは丸形の形質になり，aaはしわ形の形質となる。

[3] (1) ミス注意！ 丸形に対するしわ形のように，対になっていて，一方しか現れない２つの形質どうしを対立形質という。種子の形とさやの色のように別の形質どうしについては，対立形質とはいわない。

(2)(3) ポイント 対立形質の純系どうしを交配して，子に現れる形質を顕性形質，子に現れない形質を潜性形質という。種子の形では丸形，子葉の色では黄色，さやの色では緑色が子に現れているので，これらが顕性形質である。

(4) ミス注意！ 表は，メンデルが行った実験の数値であるが，実験の値はぴったりの整数比にはならない。ただし，調べる個体の数が多くなれば偶然性の影響を少なくすることができるので，より３：１に近づく。

[4] (2)分離の法則によりAとa，Bとbが分かれるので，①のもつ遺伝子の組み合わせとしては，AB，Ab，aB，abの４通りが考えられる。

(3)②のもつ遺伝子の組み合わせはAbの１通りだけであり，③のもつ遺伝子の組み合わせとしては，AABb，AAbb，AaBb，Aabbの４通りが考えられる。雌の親がBをもっていないので，③がBBの組み合わせをもつことはない。

p.24～p.25 予想問題

[1] (1)㋐AA ㋑aa (2)丸形の種子
(3)AA：Aa：aa＝１：２：１ (4)３：１
(5)450個

[2] (1)デオキシリボ核酸 (2)ア (3)ある。

[3] (1)進化 (2)記号…A 名称…魚類
(3)イ

[4] (1)同じ器官であった。 (2)相同器官
(3)始祖鳥 (4)鳥類 (5)陸上

[解][説]

[1] (2)～(4)子の遺伝子の組み合わせはAaであるから，孫の代の種子の遺伝子の組み合わせは図のようになる。AA，Aaは丸形の種子，aaはしわ形の種子である。

	A	a
A	AA	Aa
a	Aa	aa

(5)$600 \times \frac{3}{4} = 450$

[2] (2)ウで，有用な形質を得るために，何代にもわたって交配をする場合，長い時間がかかる。しかし，遺伝子組換えによって，比較的短時間に有用な形質を得ることができる場合がある。

(3)染色体が複製される際に，DNAに変化が起こり，子に伝わることがある。このような場合，親や先祖に現れなかった形質が子に現れることがある。

[3] (1)生物の特徴が長い年月をかけて代を重ねる間に変化することを進化という。

(2)いちばん古いセキツイ動物の化石は，約５億年前の原始的な魚類の化石である。やがて両生類，ハチュウ類，ホニュウ類，鳥類の特徴をもつものが現れたと考えられている。

[4] (1)(2)コウモリ，クジラ，ヒトは生活場所が異なり，前あしのはたらきは異なる。しかし，共通の骨格をもっている。このような，もとは同じ器官であったと考えられるものを相同器官という。

(3)(4)始祖鳥は，鳥類のように前あしがつばさのような形状で，ハチュウ類のように口に歯がある。

(5)クジラには後ろあしはないが，骨は残っていることから，陸上で生活していたホニュウ類から進化したと考えられる。

単元３　運動とエネルギー

第１章　物体の運動

p.26～p.27　ココが要点

①記録タイマー　②速さ　③移動距離　④cm/s
㋐おそく　㋑速く
⑤平均の速さ　⑥瞬間の速さ　⑦等速直線運動
㋒原点　㋓大きく
⑧自由落下　⑨重力

p.28～p.29　予想問題

[1] (1)①75m　②10s　③7.5m/s
(2)メートル毎秒
(3)0.8m/s　(4)2.88km/h
(5)①平均の速さ　②瞬間の速さ

[2] (1)48km/h　(2)20km　(3)1200m

[3] (1)4 m/s　(2)64.8km/h　(3)5 m/s
(4)チーターが９m/s速い。　(5)229km/h
(6)277km/h

[4] (1)0.1秒　(2)40cm/s　(3)㋑
(4)①B　②A

[5] (1)100cm/s　(2)100cm/s　(3)㋑
(4)㋐　(5)等速直線運動

解説

[1] (3) $\dfrac{8\text{〔m〕}}{10\text{〔s〕}} = 0.8\text{〔m/s〕}$

(4)1h = 3600sより，$10\text{s} = \dfrac{1}{360}\text{h}$

また，8m = 0.008kmなので

$0.008\text{〔km〕} \div \dfrac{1}{360}\text{〔h〕} = 2.88\text{〔km/h〕}$

[2] (1) $\dfrac{72\text{〔km〕}}{1.5\text{〔h〕}} = 48\text{〔km/h〕}$

(2) $60\text{〔km/h〕} \times \dfrac{20}{60}\text{〔h〕} = 20\text{〔km〕}$

(3) $4\text{〔m/s〕} \times (60 \times 5)\text{〔s〕} = 1200\text{〔m〕}$

[3] [参考] 時はh，秒はsで表す。

(1) [ミス注意!] ４分＝240秒

$\dfrac{960\text{〔m〕}}{240\text{〔s〕}} = 4\text{〔m/s〕}$

(2) [ミス注意!] １時間＝3600秒なので，秒速を時速に直すには，3600を秒速にかける。そうすると，m/hになる。1km＝1000mなので，1000で割ると，km/hとなる。

$18\text{〔m/s〕} \times 3600\text{〔s〕} \div 1000 = 64.8\text{〔km/h〕}$

(3) [ミス注意!] 18〔km/h〕× 1000でm/hになる。これを3600〔s〕で割ると秒速が求まる。

$18\text{〔km/h〕} \times 1000 \div 3600\text{〔s〕} = 5\text{〔m/s〕}$

(4) [ミス注意!] ライオンの速さは，

$79.2\text{〔km/h〕} = 79200\text{〔m〕} \div (60 \times 60)\text{〔s〕}$
$= 22\text{〔m/s〕}$

チーターの速さとライオンの速さの差は，

$31\text{〔m/s〕} - 22\text{〔m/s〕} = 9\text{〔m/s〕}$

(5) [ミス注意!] $36\text{〔分〕} \div 60\text{〔分〕} = 0.6\text{〔時間〕}$

１時間36分は1.6時間である。

$\dfrac{366.0\text{〔km〕}}{1.6\text{〔h〕}} = 228.7\cdots\text{〔km/h〕}$

これより，小数第１位を四捨五入して，229km/h。

(6) [ミス注意!] $39\text{〔分〕} \div 60\text{〔分〕} = 0.65\text{〔時間〕}$

$\dfrac{180.3\text{〔km〕}}{0.65\text{〔h〕}} = 277.3\cdots\text{〔km/h〕}$

これより，小数第１位を四捨五入して，277km/h。

[4] (1)端の点から，物体が４cm移動するまでに５回打点しているので，

$\dfrac{1}{50}\text{〔秒〕} \times 5 = 0.1\text{〔秒〕}$

(2)0.1秒で４cm進んでいるので，速さは，

$\dfrac{4\text{〔cm〕}}{0.1\text{〔s〕}} = 40\text{〔cm/s〕}$

(3)(4)打点の間隔が広いほど，物体の速さが速い。

[5] (1) $\dfrac{20\text{〔cm〕}}{0.2\text{〔s〕}} = 100\text{〔cm/s〕}$

(2) $\dfrac{40\text{〔cm〕}}{0.4\text{〔s〕}} = 100\text{〔cm/s〕}$

(3)等速直線運動では，速さが一定なので，グラフは水平な直線になる。

(4) [ポイント] 等速直線運動では，移動距離は経過した時間に比例する。そのため，グラフは原点を通り，右上がりの直線になる。

p.30～p.31 予想問題

[1] (1)広くなっている。　(2)長くなっている。
(3)0.1秒　(4)増加している。
(5)ウ　(6)B
(7)斜面の傾きが大きいほど，斜面方向の力は大きい。
(8)大きくなる。　(9)60cm/s
(10)50cm/s　(11)自由落下

[2] (1)等間隔になっている。　(2)10cm
(3)100cm/s
(4)
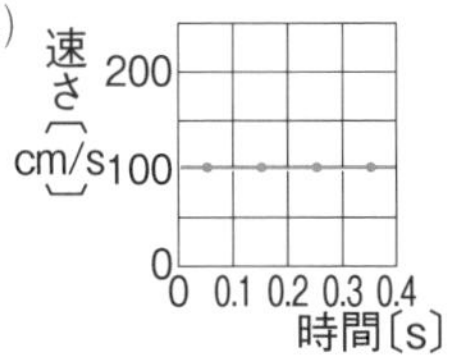

(5)エ　(6)等速直線運動
(7)
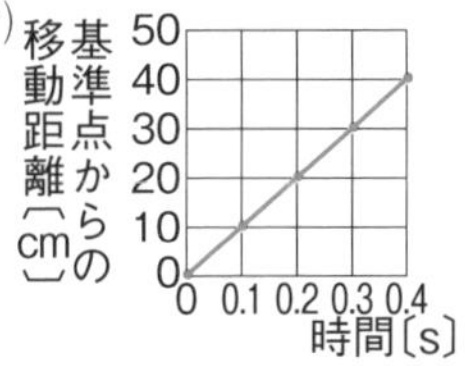

(8)比例（の関係）

解説

[1] (4) [ポイント] 記録テープから，単位時間あたりの移動距離が長くなっているといえる。
(5) [ポイント] しだいに速くなる運動では，物体にはたらく力の向きと運動の向きが同じである。しだいにおそくなる運動では，物体にはたらく力の向きと運動の向きが逆である。速さが変わらない運動では，力がはたらいていないか，もしくはつり合っている。
(6)斜面の傾きが大きい方が，速さの増加する割合が大きいので，テープの打点の間隔の変化も大きくなる。

(9) $\frac{6〔cm〕}{0.1〔s〕}=60〔cm/s〕$

(10) $\frac{5〔cm〕}{0.1〔s〕}=50〔cm/s〕$

[2] (2)図2から読みとる。
(3) [ミス注意!] この記録は，1秒間に50回点を打つ記録タイマーを使っているので，5打点では0.1秒となる。0.1秒で10cm進んでいるから，1秒では100cm（1m）進むことになる。
(4)(5)図2より，時間が変化しても速さは一定であることがわかる。
(7)0.1秒で10cm進むため，0.2秒では20cm，0.3秒では30cm，0.4秒では40cm進む。
(8)原点を通る直線のグラフは，比例の関係を表している。

第2章　力のはたらき方

p.32～p.33 ココが要点

①合力　②力の合成
㋐合力
③分力　④力の分解
㋑分力　㋒垂直抗力
㋓つり合って　㋔分力
㋕重力　㋖対角線
⑤慣性の法則　⑥慣性
⑦作用・反作用の法則
⑧水圧　⑨浮力
㋗浮力

p.34～p.35 予想問題

[1] ①
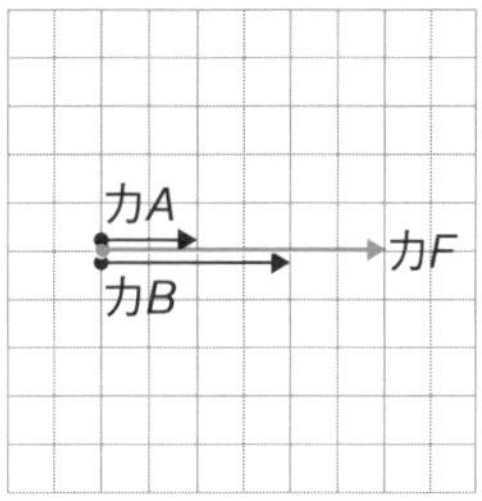

②
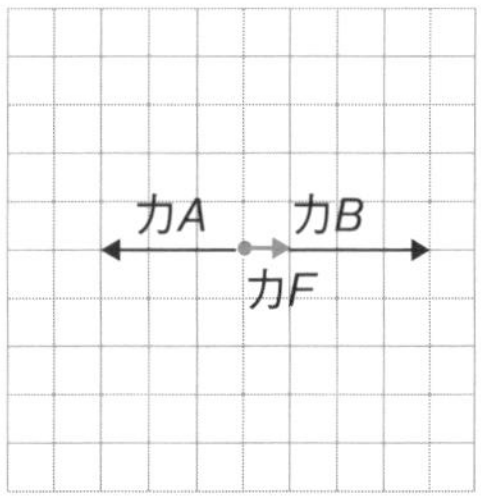

③
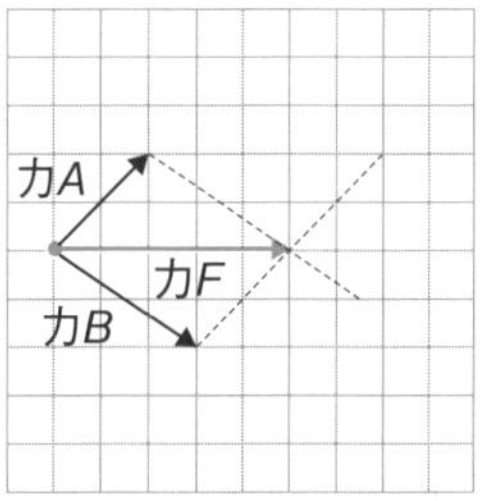

④
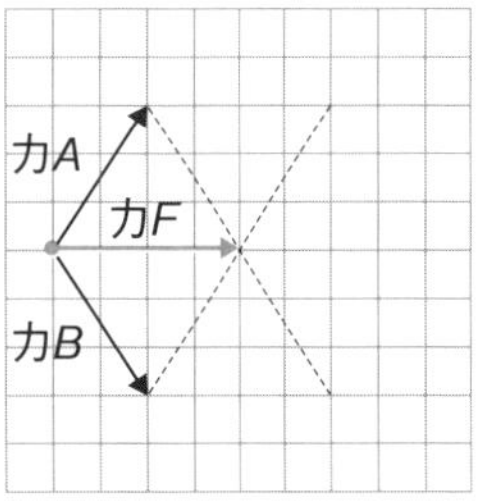

⑤
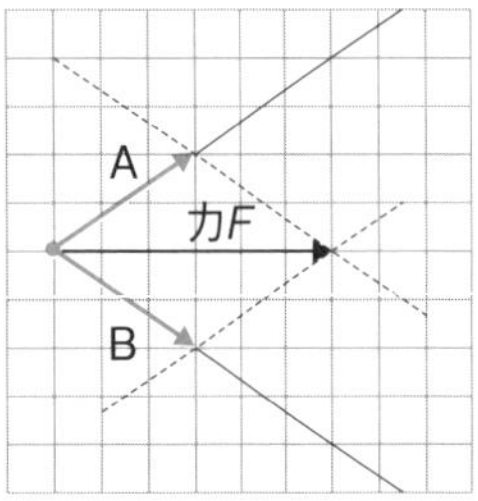

⑥
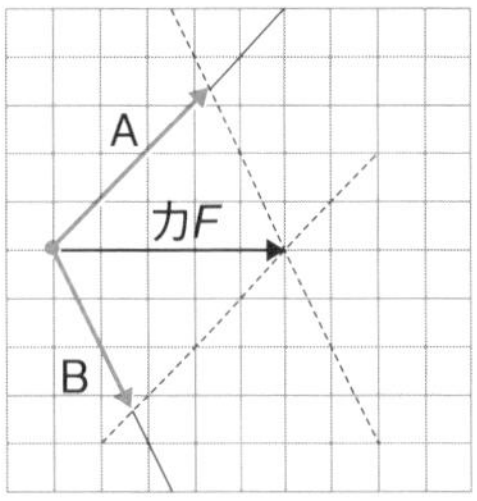

⑦
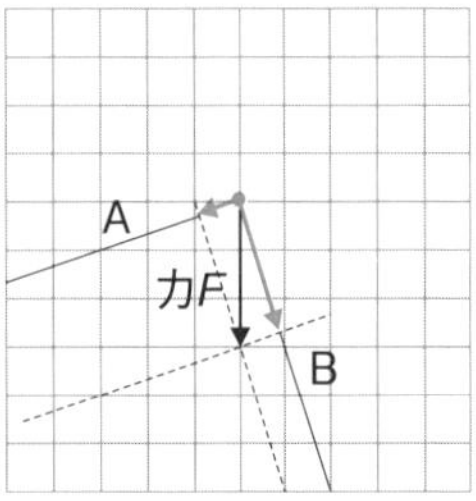

[2] (1)イ　(2)慣性の法則　(3)慣性
(4)ウ　(5)ウ

[3] ㋐ウ　㋑ク　㋒イ　㋓ケ　㋔カ　㋕ア

[4] (1)1.5N　(2)イ
(3)①上　②浮力　③0.6　(4)ウ

解説

[1] ① ポイント 同じ向きの力の合成なので，合力の大きさは力Aと力Bの和になる。
② ポイント 逆向きの力の合成なので，合力の大きさは力Aと力Bの差になる。
③④ ミス注意! 力A，力Bを２辺とする平行四辺形の対角線が合力Fとなる。
⑤～⑦ ミス注意! 力Fが対角線となる平行四辺形を作図し，となり合う２辺が分力となる。

[2] (1)～(3) ポイント 走っている電車がブレーキをかけて止まるとき，乗っていた人や物はブレーキをかける直前の速さで運動を続けようとする。このため，進行方向に倒れそうになる。これを慣性の法則といい，物体がもつこのような運動の性質を慣性という。
(4) ポイント 電車に乗っている人や物は，静止の状態にあり，電車が急発進しても静止し続けようとするので，進行方向と逆向きに動く。
(5) ポイント ボールも電車と同じ速さで運動しているので，真上に投げれば，Aさんの上に落ちてくる。

[3] ㋐と㋑，㋒と㋓，㋔と㋕の力は，それぞれ作用・反作用の関係にある。作用と反作用は，それぞれ異なる物体にはたらく。

[4] (2)浮力は，物体の水中にある部分の体積が大きいほど大きくなる。このため，物体を下面から水中にしずめていくと，だんだん浮力が大きくなり，ばねばかりの示す値が小さくなっていく。
(3)水中にある物体にはたらく浮力の大きさは，図１の物体にはたらく重力の大きさと，図２の水中でのばねばかりの値の差で求められる。したがって，
1.5〔N〕－0.9〔N〕＝0.6〔N〕
(4) ポイント 浮力は，物体の水にしずんでいる部分の体積が大きいほど大きくなるが，水の深さには関係しない。したがって，物体が完全にしずんだ状態から，さらに物体をしずめても浮力の大きさは変わらない。

第３章　エネルギーと仕事

p.36～p.37　ココが要点

①エネルギー　②運動エネルギー
③位置エネルギー　④力学的エネルギー
⑤力学的エネルギーの保存
㋐位置エネルギー　㋑運動エネルギー
⑥仕事　⑦J
㋒100　㋓1　㋔100　㋕50　㋖2
㋗100　㋘100　㋙2　㋚200
⑧仕事の原理　⑨仕事率　⑩W
⑪エネルギーの保存　⑫伝導　⑬対流　⑭放射

1 (1)位置エネルギー　　(2)運動エネルギー
　(3)イ，オ　　(4)位置エネルギー　　(5)ウ
　(6)イ

2 (1)ウ　　(2)ウ　　(3)ア，エ
　(4)力学的エネルギー　　(5)変わらない。

3 (1)0.9J　　(2)0.9J
　(3)A点…0.9J　B点…0.9J　C点…0.9J
　(4)等速直線運動　　(5)大きくする。
　(6)B点…大きくなる。　C点…大きくなる。
　(7)A点…小さくなる。　　B点…小さくなる。
　　　C点…小さくなる。
　(8)運動エネルギー…変わらない。
　　　力学的エネルギー…変わらない。
　(9)運動エネルギー…0.9J
　　　位置エネルギー…0 J
　(10)どちらも同じ大きさになる。

解説

1 (1)高い位置にある物体がもっているエネルギーを位置エネルギー，運動している物体がもっているエネルギーを運動エネルギーという。
(2) ポイント ジェットコースターが，Aから下るにしたがって，位置エネルギーが小さくなり，運動エネルギーが大きくなる。
(3)区間BC，区間EFはジェットコースターがいちばん低い位置にきたときなので，位置エネルギーは最小で，運動エネルギーは最大になっている。
(4)斜面を上るときには，位置がしだいに高くなるので，位置エネルギーが大きくなる。
(5)ジェットコースターの運動がおそくなるのは，斜面を上るときである。斜面を上るときは，位置エネルギーがしだいに大きくなり，運動エネルギーがしだいに小さくなる。
(6)力学的エネルギーは保存されるので，Aと同じ高さのGまで上る。
2 (1)(2)ウでは，運動エネルギーが最も大きくなるので，最も速い。
(3)最も高い位置にあるア，エでの位置エネルギーが最も大きい。
(4)(5) ポイント 位置エネルギーと運動エネルギーを合わせた総量を力学的エネルギーとい

い，摩擦力や空気抵抗を考えなければ，常に保存される。
3 (1) ポイント 3〔N〕× 0.3〔m〕= 0.9〔J〕
(2)B点に達したとき，位置エネルギーは全て運動エネルギーに変わっている。またBC間では摩擦力ははたらかないので，C点でも0.9Jの運動エネルギーをもっている。
(3)力学的エネルギーは常に一定である。
(4)摩擦力や空気抵抗がはたらかない水平面上では，等速直線運動をする。
(6) ミス注意！ 運動エネルギーは質量が大きいほど大きく，速さが速いほど大きい。
(7) ミス注意！ 位置エネルギーは高さが低いほど，小さい。
(8)(10) ポイント 傾きを変えても，高さが変わらないので，力学的エネルギーの大きさは変わらない。

1 (1)3 N　　(2)1 N　　(3)4.5J　　(4)3 W
　(5)0 J

2 (1)摩擦力　　(2)ア　　(3)2.2N　　(4)0.66J

3 (1)1.5J　　(2)1.5J　　(3)仕事の原理
　(4)0.15W　　(5)4 倍
　(6)① 60cm　② 2.5N　③ 1.5J
　(7)図 3　　(8)X = Y = Z

解説

1 (1) ミス注意！ 300〔g〕÷ 100 = 3〔N〕
(2) ミス注意！ ばねばかりが 2 N の力で物体を引くと，物体が床をおす力は，
3〔N〕− 2〔N〕= 1〔N〕
床はその力と同じ大きさの力でおし返す。
(3)仕事〔J〕=物体を引く力〔N〕×動いた距離〔m〕
3〔N〕× 1.5〔m〕= 4.5〔J〕

(4)仕事率〔W〕= $\dfrac{\text{仕事〔J〕}}{\text{時間〔s〕}}$

$\dfrac{4.5〔\text{J}〕}{1.5〔\text{s}〕}$ = 3〔W〕

(5) ミス注意！ 物体に加えられた力は上向きで，移動した方向に垂直である。したがって，仕事は 0 J。
2 (2) ミス注意！ 摩擦力とつり合う力は，物体を引く力である。

(3) [ミス注意!] 物体を引く力と摩擦力はつり合っているので，力の大きさは等しい。

(4)2.2〔N〕× 0.3〔m〕= 0.66〔J〕

3 (1) [ミス注意!] 質量500gの物体を30cmの高さまで持ち上げるのと同じ仕事なので，

5〔N〕× 0.3〔m〕= 1.5〔J〕

(2)5〔N〕× 0.3〔m〕= 1.5〔J〕

(3) [ポイント] 斜面を使うと小さな力で物体を引き上げることができるが，その分物体を引く距離が大きくなる。そのため，真上に引き上げたときと仕事の大きさは等しくなる。このことを仕事の原理という。

(4)30cm引き下げるには，10秒かかる。

$$仕事率〔W〕= \frac{仕事〔J〕}{時間〔s〕}$$

$$\frac{1.5〔J〕}{10〔s〕} = 0.15〔W〕$$

(5)図1 … $\frac{1.5〔J〕}{5〔s〕} = 0.3〔W〕$

図2 … $\frac{1.5〔J〕}{20〔s〕} = 0.075〔W〕$

0.3〔W〕÷ 0.075〔W〕= 4〔倍〕

(6) [ミス注意!] 動滑車を使うと，半分の力で物体を引き上げることができるが，糸を引く距離は2倍になる。このときの仕事の大きさは，

2.5〔N〕× 0.6〔m〕= 1.5〔J〕

(7)図1で手が引く力をxNとすると，

x〔N〕× 0.5〔m〕= 1.5〔J〕　x = 3〔N〕

図2で手が引く力は5N，動滑車を使った図3で手が引く力は2.5N。

(8)同じ物体を同じ高さまで引き上げたとき，斜面や動滑車を使ったり，直接手で引き上げたりしても，仕事の大きさは変わらないので，増加する力学的エネルギーの大きさも等しくなる。

単元4　地球と宇宙

プロローグ　星空をながめよう
第1章　地球の運動と天体の動き

p.42～p.43　ココが要点

①黒点　②自転　③地軸　④南中

⑤南中高度　⑥日周運動

㋐東　㋑西　㋒自転　㋓北極星　㋔地軸

⑦年周運動　⑧公転　⑨黄道　⑩黄道12星座

㋕夏至　㋖冬至　㋗夏至　㋘地軸　㋙冬至

㋚(太陽の)南中高度　㋛長い

㋜(太陽の)南中高度　㋝短い

p.44～p.45　予想問題

1 (1)太陽を直接見ると，目を痛めてしまうから。

(2)太陽が自転しているから。

(3)低い。　(4)球体

2 (1)A　(2)O　(3)O

(4)FG＝GH＝HI　(5)J　(6)㋑

(7)南中高度　(8)(太陽の)日周運動

3 (1)a　(2)D　(3)F

(4)①東　②南　③西　④日周運動　⑤自転

4 (1)A…夏至　B…秋分　C…冬至　D…春分

(2)C　(3)A　(4)A　(5)A

(6)A…78.4°　C…31.6°

[解説]

1 (1)太陽を見るときは遮光板などを使って太陽を直接見ないようにする必要がある。強い光を見ると目を痛めてしまう。

(2)太陽は自転しているので，黒点の位置も変化して見える。

(3)太陽の黒点は，周囲よりも温度が低く，黒く見える。

(4)太陽が球体であるため，中央部では円形に見える黒点が，周辺部ではだ円形に見える。

2 (1)北半球では，太陽の通り道は南に傾くのでAが南である。よって，Bは東，Dは西，Cは北である。

(2) [参考] 観測者は透明半球の中心にいる。

(3)観測者は透明半球の中心Oにいるものとして記録するため，ペンの先端のかげは透明半球の中心Oに一致させて記録する。

(4)太陽は透明半球上を一定の速さで動いている。

(5)(6)太陽は東の地平線からのぼり，南の空を通って，西にしずむ。

(7)Hは太陽が南中している位置を表しているので，そのときの地平線からの高度を南中高度という。

③ (1)星は，東から出て，南の空を通り，西へしずむように動く。よって，Cの星は南の空へ向かうaの向きへ動く。

(2)Oは天球の中心を表している。よって，Oを通る直線と地平線が交わっているところが真東，真西を表す。したがって，真東から出て真西にしずむのはDである。Cは，真東より北寄りから出て，真西より北寄りにしずむ。また，Eは真東より南寄りから出て，真西より南寄りにしずむ。

(3)観測者は，天球の中心Oの位置にいる。そのため，地平線よりも下にある星は見ることができない。

(4)東西南北の星全体では，地軸を延長した軸を中心に，東から西へ回転しているように見える。これは，地球が地軸を中心として西から東へ自転しているからである。

④ (1)北極側が太陽の方に傾いているのが夏至，北極が太陽と反対側に傾いているのが冬至である。公転の向きを示す矢印にしたがって，夏至→秋分→冬至→春分となる。

(2)冬至のとき，南中高度が最も低くなり，昼の長さが最も短くなる。

(3)夏至のとき，南中高度が最も高くなり，昼の長さが最も長くなる。

(4)夏至のとき，北極側が太陽の方に傾いていることから，北極では1日じゅう太陽を見ることができる。逆に，北半球が夏至のとき南極では，1日じゅう太陽を見ることができない。

(6)夏至のときの南中高度は，
90°－（緯度－23.4°）＝90°－（35°－23.4°）＝78.4°
冬至のときの南中高度は，
90°－（緯度＋23.4°）＝90°－（35°＋23.4°）＝31.6°

① (1)オリオン座　(2)エ　(3)エ
(4)できない。

② (1)黄道　(2)黄道12星座　(3)エ
(4)ウ
(5)さそり座　(6)B…春　D…秋

③ (1)E
(2)

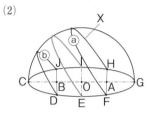

(3)春分…ア　秋分…ウ　(4)イ　(5)ア

④ (1)イ
(2)ほぼ同じになる。
(3)地球が地軸を傾けたまま太陽のまわりを公転しているため。

解説

① (2) ポイント 問題の図で，オリオン座は，真東から真西までを6等分して30°間隔でかかれている。星座をつくる星は，1日に360°，1時間に15°東から西に移動して見えるので，2時間後には西へ30°移動して見えるはずである。

(3) ポイント 同じ時刻に観察すると，星は1か月に約30°西へ移動し，1年後に再び同じ位置に見える。これは地球の公転によって生じる見かけの動きで，年周運動という。

(4)6か月後なので，この星座が動く角度は，
30°×6＝180°
したがって，この星座は地平線の下にあることになり，見ることができない。

② (1)(2)天球上の太陽の通り道を黄道といい，黄道付近にある12の星座を黄道12星座という。ウのオリオン座は冬，エのペガスス座は秋の代表的な星座だが，黄道12星座にふくまれない。

(3)地球がBの位置にあるとき，太陽と同じ方向にある星座はエである。

(4)真夜中の方向は，太陽と反対側になる。

(5)アのさそり座は，夏の代表的な星座である。

(6)アが夏によく見えることから，Aは夏であることがわかる。したがって，Bは春，Cは冬，

Dは秋である。

[3] (1)(2)春分や秋分のとき太陽は，真東から出て，真西にしずむ。
(3)北極側が太陽の方に傾いている㋑は夏至，北極側が太陽の反対側に傾いている㋓は冬至である。公転の向きを示す矢印の順に，夏至→秋分→冬至→春分となる。
(4)図1のXの記録は，南中高度が高く，昼の長さが長いことから夏至である。
(5)図2のように，地球は公転面に対して垂直な方向から地軸を23.4°傾けたまま公転しているため，南中高度が変化し，季節が生じる。

[4] (1)夏至のとき，南中高度が最も高い。
(2)春分と秋分は，太陽が真東から出て真西にしずむため，南中高度が等しくなる。そのため昼の長さと夜の長さがほぼ同じになる。
(3)地球が公転面に対して垂直な方向から地軸を23.4°傾けたまま公転をしているため，季節が生じる。

第2章　月と金星の見え方

p.48～p.49　ココが要点

①月　②月の満ち欠け
㋐上弦　㋑満月　㋒新月　㋓下弦
③日食　④月食
㋔月食　㋕日食
⑤皆既食　⑥部分食　⑦惑星　⑧明けの明星
⑨よいの明星
㋖よい　㋗明け
⑩内惑星　⑪水星　⑫外惑星　⑬火星　⑭土星

p.50～p.51　予想問題

[1] (1)衛星　(2)400倍
(3)①球　②太陽　③新月　④満月
(4)㋐E　㋑C　㋒B　(5)G
(6)
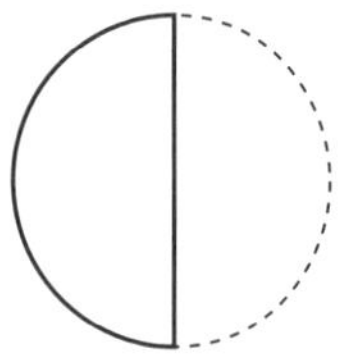
(7)エ　(8)イ

[2] (1)イ　(2)㋑　(3)ア

[3] (1)ア，ウ　(2)Y　(3)X
(4)A…㋐　B…㋑　C…㋒　D…㋓
(5)地球と金星の距離が変わるから。
(6)金星は地球の内側を公転しているが，火星は地球の外側を公転しているため。

解説

[1] (2)太陽の直径が月の直径の約400倍であるにもかかわらず，太陽と月がほぼ同じ大きさに見えるということは，地球から見て，太陽までの距離は，月までの距離の約400倍であるということである。
(4) [参考] 夕方，東の空に見えるのは満月，南の空に見えるのは上弦の月，西の空に見えるのは三日月である。
(5)(6)明け方，南の空に見えるのは，Gの下弦の月である。下弦の月は，太陽が出ている間は明るいため，白くて目立たない。

[2] (1)月と太陽が重なり，太陽が月にかくされる現象を日食という。太陽と月が同じ方向にあるため，そのときの月は新月である。
(2)天体がほかの天体に完全にかくされることを皆既食という。皆既日食では，太陽が月によって完全にかくされる。
(3)月食は，月が地球のかげに入る現象である。月食では，月が太陽と反対側にあるため，そのときの月は満月である。

[3] (1) [ミス注意!] 金星は地球よりも太陽に近い(内側を公転している)ので，真夜中は見ることができず，見ることができるのは夕方と明け方に近い時間帯だけである。
(2)地球の日の出の位置から見えるY側が明けの明星とよばれ，日の入りの位置から見えるX側がよいの明星とよばれる。
(3)金星は，太陽の光を反射しているため，太陽のある側が光って見える。したがって，右側が光って見えるのはよいの明星，左側が光って見えるのは明けの明星である。
(4)光の当たり方と，金星－地球間の距離から考える。
(5)金星が地球に近いときには，金星は大きく見え，その欠け方も大きい。逆に金星が地球から遠いときには，金星は小さく見え，その欠け方は小さい。

(6)金星は地球の内側を公転しているため，明け方か夕方には見ることができるが，真夜中には見ることができない。火星は地球の外側を公転しているため，真夜中に見えることがある。

第3章　宇宙の広がり

p.52～p.53　ココが要点

①太陽系　②惑星　③金星　④地球　⑤公転
⑥地球型惑星　⑦木星型惑星
㋐火星　㋑金星　㋒水星　㋓木星
⑧衛星　⑨小惑星　⑩太陽系外縁天体
⑪恒星　⑫銀河　⑬銀河系
㋔10万

p.54～p.55　予想問題

[1] (1)太陽系
(2)㋐火星　㋑金星　㋒木星　㋓天王星
(3)①木星　②水星　③火星　④土星
⑤金星
(4)木星，土星，天王星，海王星
(5)地球型惑星　(6)㋓

[2] (1)太陽系外縁天体　(2)イ
(3)ウ　(4)流星

[3] (1)銀河系　(2)10万光年
(3)d　(4)銀河

[4] ①×　②○　③○　④○　⑤×　⑥×

[解説]

[1] (2)太陽に近い順に，水星，金星，地球，火星，木星，土星，海王星，天王星である。
(3)水星は太陽に最も近いところを公転する。金星は地球のすぐ内側を公転する。火星は地球のすぐ外側を公転し，赤褐色の砂や岩石でおおわれている。木星は太陽系最大の惑星である。土星は大きな環をもつ。天王星は自転軸がほぼ横だおしで公転し，大気にメタンをふくみ，青緑色に見える。海王星は太陽から最も遠くにあり，メタンを多くふくみ，青く見える。
(4)(5)地球型惑星（水星，金星，地球，火星）は，主に岩石からできていて，小型で密度が大きい。木星型惑星（木星，土星，天王星，海王星）は，大型で密度が小さい。
(6)太陽から遠いほど公転周期が長い。

[2] (2)小惑星は，主に火星と木星の間で太陽のまわりを公転する小天体である。
(3)すい星には，だ円軌道をとるものも多く，とても長い周期で太陽に近づいたり遠ざかったりする。

[3] (1)太陽系をふくむ恒星の大集団を銀河系という。太陽系をふくむ銀河のことを銀河系という。
(3)夏の天の川は，太陽系から見て円盤状の中心の方向にある。

[4] ①⑥木星や土星などの惑星も衛星をもっている。
②めい王星は2006年までは惑星に分類されていたが，2006年の国際天文学連合総会で太陽系外縁天体に分類された。
③地球の軌道と交差する軌道をもつものは，地球に落下し，いん石となるものがある。
④土星の密度は$0.69g/cm^3$なので，水に入れることができたとすると水にうく。
⑤流星は，小天体が地球の大気とぶつかって発光する。

単元5　地球と私たちの未来のために

第１章　自然のなかの生物
第２章　自然環境の調査と保全

p.56～p.57　ココが要点

①生態系　②食物連鎖　③食物網　④生産者
⑤消費者　⑥分解者　⑦微生物　⑧菌類
⑨細菌類
㋐生産　㋑消費　㋒分解
⑩地球温暖化　⑪保全　⑫外来生物

p.58～p.59　予想問題

[1] (1)食物連鎖　(2)食物網　(3)消費者
(4)生産者　(5)㋑
[2] (1)ア　(2)分解者　(3)A，C　(4)D
[3] (1)光合成　(2)呼吸　(3)二酸化炭素
(4)A…エ　B…イ　C…ア　D…ウ
(5)地球温暖化
[4] (1)㋐　(2)外来生物　(3)イ，ウ

解説

[1] (1)(2)同じ地域に生息する生物どうしの食べる，食べられるという鎖のようにつながった一連の関係を食物連鎖という。自然界では多くの食物連鎖が網の目のようにからみ合っていることから，食物網をつくっているととらえることができる。
(3)(4)生物Dは，生産者である。生産者は光合成によって自ら有機物をつくっている。生物Cは，植物を食べる草食動物である。草食動物は，生産者がつくった有機物を直接的に消費している。生物Bは，草食動物を食べる肉食動物である。生物Aは，草食動物や肉食動物を食べる肉食動物である。肉食動物は，生産者がつくった有機物を間接的に消費している。生物Dを生産者というのに対し，生物A～Cは消費者という。
(5)食べる生物の数量より食べられる生物の数量の方が多い。

[2] (1)(2)分解者は，有機物を無機物に分解する。
(3)(4)カビやキノコのなかまを菌類，乳酸菌や大腸菌などのなかまを細菌類という。

[3] (1)植物は，二酸化炭素と水からデンプンなどの有機物をつくっている。
(2)全ての生物は，呼吸によって有機物を二酸化炭素と水に分解し，生きるために必要なエネルギーを得ている。
(4)Aは生産者である植物，B，Cは消費者である草食動物と肉食動物，Dは分解者である菌類・細菌類などである。
(5)化石燃料の消費が増大し，大気中の二酸化炭素が増加していることが地球温暖化の１つの要因だと考えられている。二酸化炭素は温室効果ガスであり，地球表面から放射される熱を吸収し，一部を地球表面に再放射することで地球表面付近の大気をあたためるはたらきがある。

[4] 身近な環境調査の１つに水生生物を指標とした水のよごれの調査がある。きれいな水にはサワガニ，ヒラタカゲロウ，ブユ，ヘビトンボなどの生物が，ややきれいな水にはカワニナ，ゲンジボタル，ヒラタドロムシ，コガタシマトビケラなどがすむ。きたない水にはヒメタニシやシマイシビル，ミズムシ，ミズカマキリなどがすむ。
(1)とてもきたない水にすむのは㋐のアメリカザリガニである。ほかには，セスジユスリカ，サカマキガイ，チョウバエなどが同じようにとてもきたない水にすむ。
(2)人間の活動によって，その地域に導入され定着し，子孫を残すようになった生物を外来生物という。

第３章　科学技術と人間
終章　持続可能な社会をつくるために

p.60～p.61 ココが要点

①プラスチック　②電気エネルギー
③水力発電　④原子力発電　⑤火力発電
⑥化石燃料　⑦太陽光発電　⑧風力発電
⑨地熱発電　⑩バイオマス発電
⑪持続可能な社会

p.62～p.63 予想問題

[1] (1)有機物
(2)イ，ウ
(3)㋐の種類…ポリエチレンテレフタラート
略語…PET
㋑の種類…ポリ塩化ビニル
略語…PVC
㋒の種類…ポリエチレン
略語…PE
㋓の種類…ポリプロピレン
略語…PP
(4)ポリ塩化ビニル
(5)しずむ。
(6)生分解性プラスチック

[2] (1)①化学　②熱　③運動
(2)①二酸化炭素　②温室効果
(3)位置エネルギー　(4)原子力発電
(5)バイオマス発電　(6)太陽光発電
(7)再生可能なエネルギー

[3] (1)イ　(2)持続可能な社会
(3)循環型社会　(4)イ

解説

[1] (1)(2)プラスチックは石油を精製した物質を原料にした有機物であり，加工しやすく，薬品に強いものが多い。さまざまな種類があり，その性質に応じて使い分けられている。いっぱんにプラスチックは電気を通しにくいが，電気を通すプラスチックも開発されている。
(3)㋐はポリエチレンテレフタラート（PET）である。PETはペットボトルなどに使用され，透明で圧力に強い性質がある。㋑はポリ塩化ビニル（PVC）で，燃えにくく，消しゴムのほかに水道管やホースに使用されている。㋒はポリエチレン（PE）で包装材やバケツなどに使用されている。㋓はポリプロピレン（PP）で，ペットボトルのふたや食品容器に使用されている。ポリスチレン（PS）は発泡ポリスチレンなどに使用されている。
(4)(5)ポリ塩化ビニルは燃えにくいので，ガスバーナーからはなすと炎が消える。ポリエチレンテレフタラートは燃えにくい性質がある。また，水よりも密度が大きく，空気が入らないように水で満たしたペットボトルを水に入れるとしずむ。ポリエチレンやポリプロピレンは，加熱するととけながら燃える。このようにプラスチックはその種類によって燃え方が異なる。
(6)プラスチックはくさりにくく用途が広いが，土にうめても分解されにくい，ごみとして廃棄されたプラスチックが海洋中の生物の生態系に影響をおよぼすなどの問題が生じている。生分解性プラスチックは微生物が分解することができる新しいプラスチックである。

[2] (1)(2)火力発電は，化石燃料を燃焼させて発電するため，二酸化炭素を大量に発生させる。
(3)水力発電は，高い位置にある水の位置エネルギーを運動エネルギーに変換して発電する。
(4)原子力発電は，核燃料の核分裂反応によりばく大なエネルギーを得ることができるが，使用済み核燃料や廃炉の処理が難しい。
(5)～(7)バイオマス発電や太陽光発電，風力発電，地熱発電は，いつまでも利用できる再生可能なエネルギー資源による発電である。

[3] (1)自然現象を人間がコントロールすることはできない。自然災害は発生すると，人の命や財産をうばう可能性がある。一方，私たちは自然の恵みを利用して生活をしている。
(4)石油は，自動車などの原動力，プラスチックなどの原料，暖房や火力発電などの燃料に利用されている。

巻末特集 p.64

1 (1)太陽電池（光電池）　(2)光エネルギー
(3)運動エネルギー　(4)モーター
(5)核エネルギー
(6)①伝導　②対流　③放射

[解説] (3)手回し発電機は，運動エネルギーを電気エネルギーに変換している。
(4)モーターは，電気エネルギーを運動エネルギーに変換する装置である。
(5)原子力発電では，核エネルギーが原子炉で熱エネルギーに変換され，熱エネルギーがタービンの運動エネルギーをへて発電機によって電気エネルギーに変換される。

2 (1)㋐西　㋑南　㋒北　㋓東
(2)㋐b　㋑a　㋒a　㋓a

[解説] ㋐は西の空で，星が右ななめ下へ移動する。㋑は南の空で，星が東から西（図の左から右）へ移動する。㋒は北の空で，星が北極星を中心に反時計回りに回転する。㋓は東の空で，星が右ななめ上へ移動する。

6 5 4 3 2
D C B A